前 沿 科 技 视 点 丛 书

汤书昆 主编

探月工程

庞之浩 隋彦君 编著

SP 南方出版传媒

全国优秀出版社 全国百佳图书出版单位 广东教育出版社

· 广州 ·

图书在版编目（CIP）数据

探月工程／庞之浩，隋彦君编著. —广州：广东教育出版社，2021.8

（前沿科技视点丛书／汤书昆主编）

ISBN 978-7-5548-3466-4

Ⅰ.①探… Ⅱ.①庞… ②隋… Ⅲ.①月球探索—中国 Ⅳ.①V1

中国版本图书馆CIP数据核字（2020）第161147号

项目统筹：李朝明
项目策划：李敏怡 李杰静
责任编辑：李浩奇
责任技编：佟长缨
装帧设计：邓君豪

探月工程
TANYUE GONGCHENG

广 东 教 育 出 版 社 出 版 发 行
（广州市环市东路472号12—15楼）
邮政编码：510075
网址：http://www.gjs.cn
广东新华发行集团股份有限公司经销
广州市一丰印刷有限公司印刷
（广州市增城区新塘镇民营西一路5号）
787毫米×1092毫米 32开本 6.25印张 13 000字
2021年8月第1版 2021年8月第1次印刷
ISBN 978-7-5548-3466-4
定价：29.80元

质量监督电话：020-87613102 邮箱：gjs-quality@nfcb.com.cn
购书咨询电话：020-87615809

丛书编委会名单

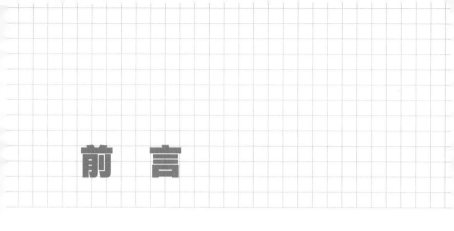

前　言

　　自2020年起，教育部在北京大学、中国人民大学、清华大学等36所高校开展基础学科招生改革试点（简称"强基计划"）。强基计划主要选拔培养有志于服务国家重大战略需求且综合素质优秀或基础学科拔尖的学生，聚焦高端芯片与软件、智能科技、新材料、先进制造和国家安全等关键领域以及国家人才紧缺的人文社会学科领域。这是新时代国家实施选人育人的一项重要举措。

　　由于当前中学科学教育知识的系统性和连贯性不足，教科书的内容很少也难以展现科学技术的最新发展，致使中学生对所学知识将来有何用途，应在哪些方面继续深造发展感到茫然。为此，中国科普作家协会科普教育专业委员会和安徽省科普作家协会联袂，邀请生命科学、量子科学等基础科学，激光科技、纳米科技、人工智能、太阳电池、现代通信等技术科学，以及深海探测、探月工程等高技术领域的一线科学家或工程师，编创"前沿科技视点丛书"，以浅显的语言介绍前沿科技的最新发展，让中学生对前沿科技的基本理论、发展概貌及应用情况有一个大致了解，以强化学生参与强基计划的原动力，为我国后备人才的选拔、培养夯实基础。

本丛书的创作，我们力求小切入、大格局，兼顾基础性、科学性、学科性、趣味性和应用性，系统阐释基本理论及其应用前景，选取重要的知识点，不拘泥于知识本体，尽可能植入有趣的人物和事件情节等，以揭示其中蕴藏的科学方法、科学思想和科学精神，重在引导学生了解、熟悉学科或领域的基本情况，引导学生进行职业生涯规划等。本丛书也适合对科学技术发展感兴趣的广大读者阅读。

本丛书的出版得到了国内外一些专家和广东教育出版社的大力支持，在此一并致谢。

中国科普作家协会科普教育专业委员会
安徽省科普作家协会
2021年8月

目　录

第一章　宏伟嫦娥工程　　　　　　　　　　　1

　　1.1　十年一剑　　　　　　　　　　　2

　　1.2　三大战役　　　　　　　　　　　5

　　1.3　绕月普查　　　　　　　　　　　8

　　1.4　落月详查　　　　　　　　　　　11

　　1.5　采样返回　　　　　　　　　　　13

第二章　普查旗开得胜　　　　　　　　　　　15

　　2.1　探月利器　　　　　　　　　　　16

　　2.2　奔月之路　　　　　　　　　　　32

　　2.3　飞行历程　　　　　　　　　　　36

　　2.4　八大"神眼"　　　　　　　　　　39

　　2.5　其他系统　　　　　　　　　　　49

第三章　地外星球漫游　　　　　　　　　　　61

　　3.1　先头部队　　　　　　　　　　　62

　　3.2　拓展试验　　　　　　　　　　　73

　　3.3　首次落月　　　　　　　　　　　75

3.4　着陆利器　　　　　　　　　96

3.5　"玉兔"巡视　　　　　　　101

第四章　采回月球样品　　　　　　109

4.1　一马当先　　　　　　　　110

4.2　器舱组合　　　　　　　　116

4.3　变形金刚　　　　　　　　129

4.4　11 个阶段　　　　　　　　132

4.5　五个"首次"　　　　　　　140

第五章　四期别开生面　　　　　　147

5.1　月背奥秘　　　　　　　　148

5.2　"鹊桥"先行　　　　　　　151

5.3　世界第一　　　　　　　　157

5.4　技高一筹　　　　　　　　166

5.5　未来展望　　　　　　　　177

第一章 宏伟嫦娥工程

2007年10月24日，我国成功发射了第一个空间探测器暨第一个月球探测器——"嫦娥一号"绕月探测器，拉开了我国宏伟的探月工程——"嫦娥工程"的序幕，成为继我国第一颗人造地球卫星"东方红一号"、第一艘载人飞船"神舟五号"之后，中国航天事业的第三个里程碑。此后，我国又相继发射了"嫦娥二号"空间探测器、"嫦娥三号"和"嫦娥四号"落月探测器、"嫦娥五号T1"试验器、"嫦娥五号"月球采样返回探测器，在工程技术和科学成果等方面取得了巨大的飞跃和收获。

1.1
十年一剑

从20世纪50年代末开始，人类已发射130多个月球探测器。大量的研究和实践表明，对月球进行探测具有多方面的重要意义。探月可为人类开发利用月球资源做准备。月球上有100多种矿物，其中5种是地球上没有的；月球上有大量的安全高效、无污染的新型核聚变燃料氦3，如能充分开发利用会深刻影响人类社会的能源结构；利用月球高真空、低重力的特殊环境，可以生产特殊的合金、光导纤维和药品等。

探月能带动和促进基础科学和高科技的发展，包括空间天文学、空间物理学，新能源技术、新材料技术、机器人技术、遥测技术等，可带动多学科交叉、渗透、共同发展。

探月可促进深空探测活动的发展。它可为进行更大范围的深空探测作技术准备，也能作为未来深空探测的跳板，为火星探测做准备。

探月能促进国家经济可持续发展。对月球探测工程技术的优化和二次开发，可以带动经济领域技术的发展。例如，目前广泛使用的彩超、条形码、气垫运动鞋、数字血压计、重症监护等许多技术都是从探月技术转到民用的。

探月可推进航天领域的国际合作。探月工程起点高、有特色、有创新，具有很强的科学性、探索性、开放性，国与国之间适合以此开展航天领域的合作。

早在1991年，时任"863计划"航天领域首席科学家的闵桂荣院士就提出中国应开展月球探测活动的建议，并成立了"863月球探测课题组"。1993年，国家航天局组织专家论证了利用因其他任务延迟而空余的一枚"长征三号甲"火箭，发射一颗人造物体硬着陆月球的计划。

另外，在20世纪90年代中期，美国提出重返月球计划，欧洲、俄罗斯、日本和印度等国家也相继提出各自的月球探测计划，世界上掀起第二轮探月热潮。当时我国组织相关专家对开展月球探测的必要性、可行性进行初步的分析与论证；最后，专家们认为我国已经有能力开展月球探测，可用有限的资金发射一颗绕月探测器，并以此设计了一个简易的月球探测方案。

但由于当时我国对月球探测尚无清晰的发展规划，缺乏长期、有深度的科学探测目标。同时，我国的经济环境刚刚好转，航天基础还不像今天这样扎实，以当时的技术只能做到简单的环月飞行，对国家科技发展贡献有限，尤其是当时我国正在实施载人航

◆中国探月标识叫"月亮之上"，它以中国书法的笔触，抽象地勾勒出一轮明月，一双脚印踏在其上，圆弧的起笔处自然形成龙头，落笔的飞白由一群和平鸽构成，表达了中国和平利用空间的美好愿望

天计划，所以这一探月计划并未真正启动。

不过，我国的月球探测研究工作并没有因此停下。1996年，我国完成了绕月探测器的技术方案研究。1998年，国防科工委正式开始规划和论证月球探测工程，完成了绕月探测器关键技术研究，之后又开展了深化论证工作。从2002年起，国防科工委组织科学家和工程师开始了月球探测一期工程的综合立项论证工作。

2004年1月23日，国务院正式批准了月球探测工程一期——绕月探测工程的立项。这是我国向深空探测迈出的第一步，对我国的政治、经济和科技发展具有重要的战略意义。2004年2月25日，经国务院批准，我国成立绕月探测工程领导小组，并召开第一次会议，会议通过了《绕月探测工程研制总要求》，同时宣布：中国绕月探测工程于当日起正式实施，并将绕月探测工程正式命名为"嫦娥工程"。

　　我国月球探测工程被列为《国家中长期科学和技术发展规划纲要（2006—2020年）》十六个重大专项之一。作为一项国家战略性科技工程，月球探测工程服从和服务于科教兴国战略和可持续发展战略，以满足科学、技术、政治、经济和社会发展的综合需求为目的，把推进科学技术进步的需求放在首位，力求发挥更大的作用。整个工程规划贯彻"有所为，有所不为"的方针，选择有限目标，突出重点，集中力量，力求在关键领域取得突破并且持续发展，为未来的深空探测活动奠定坚实的基础。

　　探月工程的实施，可突破无人月球探测的主要关键技术，实现对月球的环绕、着陆、巡视探测和采样返回，形成探测器、深空测控网和运载火箭等一系列功能单元和自主创新的月球科研成果，使我国具备开展无人月球探测的基本能力；能初步建立中国深空探测的科学、技术和工程体系及创新团队，为空间科学研究和深空探测的可持续发展奠定基础。

　　依据分步实施、不断跨越的原则，经过10年的酝酿，作为国家重大科技专项的探月工程分为"绕、落、回"三个发展阶段，将在2020年前后完成。

第一阶段为绕月探测，即在2004—2007年研制和发射绕月探测器。这一阶段要突破地月飞行、远距离测控和通信、绕月飞行、月球遥测与分析等技术，并建立中国月球探测航天工程初步系统。它原定通过"嫦娥一号""嫦娥二号"绕月探测器完成，其中"嫦娥二号"是绕月探测的后备探测器，但由于"嫦娥一号"出色地完成了任务，"嫦娥二号"改为实施探月二期任务，即除完善绕月探测任务外，主要用于突破"嫦娥三号"将使用的六大关键技术。

第二阶段为落月探测，即在2007—2013年研制和发射落月探测器。这一阶段主要突破月面软着陆、月面巡视勘察、深空测控通信、月夜生存等关键技术，为以后月球基地的选址提供月面的化学和物理参数。它原定通过"嫦娥三号""嫦娥四号"落月探测器完成，其中"嫦娥四号"是落月探测的后备探测器，但由于"嫦娥三号"出色地完成了任务，"嫦娥四号"改为实施后来增加的探月四期任务，在月球背面着陆。

第三阶段为采样返回探测，即在2013—2020年研制和发射采样返回器到月球表面特定区域进行分析采样，然后将月球样品带回地球进行详细研究。这一阶段主要突破返回器自地外天体自动返回地球和高精细月球样品分析等关键技术。它原定通过"嫦娥五号""嫦娥六号"月球采样返回器完成，其中"嫦娥六号"是采样返回探测的后备探测器，现在"嫦娥五号"已出色地完成任务，"嫦娥六号"将改为完成探月四期任务。

嫦娥工程的每一步都是对前一步的深化，并为下一步奠定基础。从"绕、落、回"三个阶段的科学目标来看，它们有明显的递进关系："绕"是对月球进行普查；"落"是对月球进行区域性详查；"回"是对月球进行区域性精查，最终达到全面、深入了解月球的目的。

在航天科技方面，嫦娥工程可逐步实现多项重大突破：首次到达地外天体，首次着陆在地外天体上，首次从地外天体拿回样本。这些技术的突破能推进航天工程系统集成、深空测控通信、新型运载火箭和航天发射等航天技术的跨越式发展，带动信息技术、新能源技术、新材料技术、微机电技术和遥测科学等高新技术的发展。

在空间科学方面，首次对地球以外的天体和空间环境进行近距离和接触式探测，可使我们对于空间科学的认识大大深化，为中国的天体物理学、空间物理学与材料科学的研究建立新的平台，促进这些学科的创新和发展，并带动更多基础学科交叉、渗透与共同发展。

嫦娥工程开拓了我国航天活动的新领域，有利于推进我国航天领域的国际合作；对提高综合国力，增强民族凝聚力具有重大作用；有利于在外空事务和未来开发月球中维护国家权益；促进我国基础科学的创新和发展，以及高技术的全面发展；参与开发利用月球资源，促进人类社会的可持续发展。

1.3
绕月普查

我国探月工程的第一阶段为"绕"。率先实施的绕月探测工程，标志着我国航天进入深空探测阶段。它历经方案、初样、正样和发射实施四个阶段，由绕月探测器系统、运载火箭系统、发射场系统、测控通信系统和地面应用系统五大系统组成。

绕月探测器由中国空间技术研究院负责研制，被命名为"嫦娥一号"，设计寿命为一年，运行在距月球表面约200 km的圆形极轨道上。它由结构分系统、热控分系统和有效载荷等9个分系统组成。根据已制定的科学目标，"嫦娥一号"搭载了CCD（电荷耦合器件）立体相机、γ射线谱仪和微波探测仪等8种科学探测仪器。

运载火箭由中国运载火箭技术研究院负责研制，选用"长征三号甲"运载火箭，其地球同步转移轨道运载能力为2600 kg。

发射场选用西昌卫星发射中心，并对发射工位进行了一系列改建。

测控通信系统以中国现有的统一S频段（简称USB）航天测控网为主，辅以甚长基线干涉（VLBI）天文测量系统。

地面应用系统由中国科学院国家天文台负责研制和建设，包括数据接收、运行管理、数据预处理、数据管理、科学应用与研究5个分系统，月球探测的最终科学成果就是从这里产生的。

嫦娥工程的每一项任务都要完成两大密不可分的目标，即工程目标和科学目标。例如，"嫦娥一号"绕月探测工程有五大工程目标：研制和发射中国第一颗绕月探测器；初步掌握绕月探测基本技术；首次开展月球科学探测；初步构建月球探测航天工程系统；为月球探测后续工程积累经验。为此，嫦娥工程需要突破绕月探测器的关键技术，初步建立我国的深空探测工程大系统，验证有效载荷、数据解译等各项关键技术；并初步建立我国深空探测技术研制体系，培养相应的人才队伍。

◆绕月普查的"嫦娥一号"示意图

　　"嫦娥一号"绕月探测工程有四大科学目标：获取全月面三维影像，这对于更好地了解月球的地质构造和演化历史有着重要的意义；对月球表面有用元素进行探测，初步编制各元素的月面分布图；探测月壤特性，获取月壤厚度的全月分布特征，研究月表年龄及演化，估算月壤中氦3的分布和资源量；探测地月空间环境，研究太阳活动对地月空间环境的影响。其中，前三项世界各国未曾进行过或刚开始进行，第四项为我国首次在地球静止轨道以外获取空间环境数据。

落月详查

　　我国探月工程的第二阶段为"落"，即把月球探测器发射至月球表面进行探测。探测器软着陆后精细探测着陆区的土壤、岩石、热流等月表的环境，进行高分辨率摄影和月岩的现场探测或采样分析，建设月基天文台，为以后月球基地的选址提供月面环境、地形和月岩的化学与物理性质等数据。此阶段核心任务是实现探测设备登上月球，并进行科学探测。我国的落月探测器由着陆器和月球车两部分组成，它们相互配合完成探测任务。

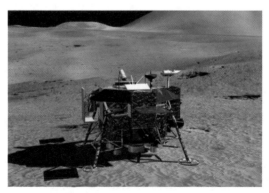

◆月球着陆器示意图

在人类的月球与深空探测活动中，软着陆探测是踏上外星进行实地科学探测的第一步，从获取探测数据的直接性和丰富性的角度来看，软着陆和巡视勘察是其他探测方式所不能替代的，在空间探测技术发展中占据着重要的地位。

实现我国首次地外天体的软着陆，能使我国掌握深空探测和空间科学领域的核心技术，获得月球及地月空间的科学数据，取得一批原创性的科学成果，催生一批边缘和交叉学科的出现与发展；建立较为完备的月球探测工程系统和相关基础设施，提升我国深空探测的系统集成能力，实现航天技术的跨越式发展；研制出适应复杂月面环境的新型探测器，带动相关领域的自主创新，促进相关产业和技术的发展。

此阶段的工程任务是突破月面软着陆、月面巡视勘察、深空测控通信、月夜生存等关键技术，提升我国航天技术水平；研制月球软着陆探测器和月面巡视探测器，建立地面深空站，获得包括运载火箭、探测器、深空站等在内的功能模块，使我国具备月球软着陆探测的基本能力；建立月球探测航天工程基本体系，包括管理、设计、制造、地面试验验证设施、在轨运行控制以及人才队伍建设等，推动我国深空探测活动的可持续发展。

此阶段的科学任务是调查月表形貌与地质构造；调查月表物质成分和可利用资源；研究月球内部结

构；探测日—地—月空间环境，进行月基光学天文观测。

1.5
采样返回

嫦娥工程的第三阶段为"回"，即从月球上采集2 kg关键性样品运回地面实验室进行精细研究。这可深化人类对地—月系统（尤其对月球）的起源与演化

◆月球采样返回器返回地球示意图

的认识，并可为载人登月和将来月球基地的选址提供有关数据。其核心任务是实现月球样品采集并自动返回地球。探测器系统将由着陆器、上升器、轨道器、返回器4部分组成。实施过程中，包括地月转移、环月、软着陆、巡视勘察、月面上升、月球轨道交会对接、月地转移、地球大气再入几个阶段。

探月工程第三阶段的实施将深化人类对月壤、月壳和月球形成和演化的认识，并为探月工程后续工程提供数据支持。第三阶段是在第二阶段基础上的一个腾飞，也是后续载人登月工程的一个起点。

此阶段需要攻克下列关键技术。采样装置的设计与控制：它要具备研磨、钻孔、抓取月壤和输送月壤的能力；在月球的特殊环境下如何保证采样装置的功能是必须解决的问题。月地飞行技术：包括月面起飞技术、月地返回轨道的设计与制导导航与控制技术、高速地球再入技术、回收技术等。另外，还有高精细月球样品分析技术等。

"绕、落、回"三个阶段的无人月球探测，可使我国的月球科学、比较行星学、空间天文学等基础研究领域取得较大进展，提升航天技术水平并促进众多相关技术发展，为我国进一步开展深空探测以及未来载人登月奠定基础。目前，我国已启动探月工程的第四期工程，对月球进行更加深入的探测。

第二章　普查旗开得胜

　　2007年10月24日18：05，流传千年的神话"嫦娥奔月"终于变成现实，我国自行研制的第一个月球探测器——"嫦娥一号"绕月探测器顺利上天，飞向月球，它也是我国第一个空间探测器。此举使我国成为世界上第五个发射月球探测器和空间探测器的国家，因而引起全世界的广泛关注。

2.1
探月利器

绕月探测工程的实施，标志着我国航天向深空探测进发的开始。"嫦娥一号"与人造地球卫星不同，它创造了我国航天器史上多个纪录：第一个进入月球轨道的航天器；第一次在飞行中实现8次以上变轨的航天器；第一次使用紫外敏感器进行姿态确定的航天器；第一次实现远程测控通信的航天器等。

在绕月探测工程的五大系统中，最引人注目的就是"嫦娥一号"绕月探测器了，因为它将走近月球直接获取大量有价值信息。与人造地球卫星相比，远离地球的"嫦娥一号"在通信、制导和电源等许

◆ "嫦娥一号"与火箭对接

多方面更为复杂，也对我国航天技术提出了不少新的挑战。

再立新功

一般情况下，人造地球卫星都是由卫星平台和有效载荷两部分组成，"嫦娥一号"也不例外，它是以"东方红三号"卫星平台的结构和推进系统为基础进行研制的。所谓卫星平台，就是由保障系统组成的、可支持一种或几种有效载荷的组合体，可为有效载荷正常工作提供支持、控制、指令和管理保障服务等。按各自服务功能不同，卫星保障系统主要由结构与机构、热控制和电源等分系统组成。所以，卫星平台无论安装什么有效载荷，其基本功能都是一致的，只是具体的技术性能会有所差别。

选用"东方红三号"卫星平台作为基础有三个主要原因：一是它具有较大的承载能力，对于绕月探测器的有效载荷承载能力最大可达200 kg，其构形布局可以满足月球探测有效载荷的需求；二是这个地球静止轨道平台的推进系统可提供充足的轨道机动能力，能满足进入超地球同步转移轨道后多次变轨的轨道设计要求；三是它非常成熟和高度可靠，且具有充足的适应性修改能力，此前已成功用于研制10多颗卫星。

◆采用"东方红三号"卫星平台为基础研制的"嫦娥一号"

　　由于"嫦娥一号"主要用于对月球进行遥感探测，所以其还充分继承了我国"资源一号"等对地观测卫星的现有成熟技术和产品，并进行了适应性改造，与原有人造地球卫星平台在轨道、测控、制导导航与控制系统、热控分系统等方面相比都具有独特之处。所谓适应性改造就是在继承的基础上进行创新，突破一批关键技术。例如，技术难度相当高的三体定向技术、轨道设计和紫外敏感器等。

　　"嫦娥一号"为一个2.22 m×1.72 m×2.2 m的长方体，两侧各装有一个大型展开式太阳电池翼，当两侧太阳电池翼完全展开后，最大跨度可以达到18.1 m。其质量为2350 kg，干质量为1150 kg，工作寿命为1年，运行在距月球表面约200 km高的圆形极轨道上。

"嫦娥一号"由结构与机构、热控制、供配电、制导导航与控制、推进、数据管理、测控和数据传输、定向天线和有效载荷等9个分系统组成。这些分系统各司其职、协同工作，保证月球探测任务的顺利完成。其中星上有效载荷用于完成对月球进行科学探测和试验，其他分系统则是有效载荷的保障系统，属于卫星平台部分。这些分系统就像人体的五脏六腑一样缺一不可。

　　结构与机构分系统如同人体的骨架和关节，用于支撑和固定"嫦娥一号"上的各种科学仪器以及其他分系统，使之构成一个整体，能够承受地面运输、卫星发射等带来的影响。

　　热控制分系统如同人体的皮肤和所穿的外衣，保证"嫦娥一号"飞行各阶段星上仪器、设备的工作温度均在要求的范围内，满足探月过程

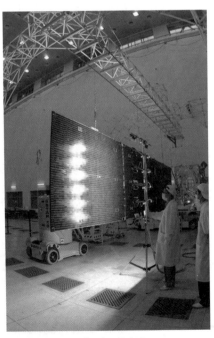

◆ "嫦娥一号"光照试验

中月球对"嫦娥一号"上各分系统的温度要求。

供配电分系统如同人体的血液系统，负责发电、电能存储、电源控制和电源电压变换等。"嫦娥一号"采用太阳电池翼—蓄电池组联合电源来产生、贮存和调节电能，以满足"嫦娥一号"供电需求。

制导导航与控制分系统如同人体的大脑和中枢神经，主要任务是完成"嫦娥一号"奔月过程所需的多种轨道和姿态控制，并在环月探测期间实现"嫦娥一号"的三体定向控制要求。

推进分系统如同人体的腿脚，是"嫦娥一号"的动力系统，它与制导导航与控制分系统配合，根据后者发出的指令来工作，为"嫦娥一号"各种姿态的建立与保持、轨道控制和修正提供动力。

◆ "嫦娥一号"卫星力学试验

数据管理分系统是"嫦娥一号"的总管家，它会根据事先制定好的准则控制各分系统的工作状态，将地面发送来的遥控指令进行分类，然后按时分发到对应的分系统；同时收集卫星产生的遥测和数据信息，并对这些信息分类和编码，为下传到地面做好准备；它还为星上各个分系统提供时间基准。

测控和数据传输分系统如同人体的耳朵和嘴，主要功能是为"嫦娥一号"的遥测、遥控和数据传输提供可靠的通道，使地面站能知道卫星的飞行轨道、飞行和工作状态，并对其进行相应的控制。

在"嫦娥一号"环月飞行期间，定向天线分系统如同人体的嗓门，会下传星上有效载荷产生的科学数据和自身工作状态信息。

有效载荷分系统如同人体的眼睛，即"嫦娥一号"上搭载的24台月球探测仪器，相当于"嫦娥一号"的眼睛，用于完成科学探测任务。正是有了这9个分系统的协同合作，"嫦娥一号"才能够在遥远的太空中完成自己的使命。

三体定向

在研制上述分系统过程中，与人造地球卫星相比，绕月探测器要采用较多新技术，如制导导航与控制分系统中的三体定向技术。这项技术可以保障"嫦娥一号"以正确的飞行方式正常开展工作。

◆三体定向技术原理示意图

所谓三体定向是指"嫦娥一号"具备同时对太阳、地球和月球定向的能力。除个别人造地球卫星外，一般的人造地球卫星只需同时进行两体定向，即卫星上的太阳电池翼对准太阳，以保证获得足够的光照可以产生足够的电能，而星上的有效载荷对准地球，来完成遥感任务。"嫦娥一号"的探测目标是月球，所以不仅要保证其所携带的科学仪器对准月球，星上的太阳电池翼对准太阳，同时还需将它的定向天线对准地球，以便"嫦娥一号"在环绕月球飞行过程中的限定时间内把自身工作状态信息和科学仪器的探测结果及时发回地球。但由于地球、太阳和月球的空间关系随时都会变化，而且比较复杂，因此就给三体定向带来很多困难。

◆ "嫦娥一号"进行定向天线展开试验

　　为使"嫦娥一号"上的科学仪器始终对准月球表面进行连续探测，"嫦娥一号"采取三轴稳定的姿态控制方式，这样可以保证星上安装科学探测仪器的一面始终朝向月球，满足遥感探测的需求。在星体姿态固定后，为了能同时保证"嫦娥一号"上的太阳电池翼总是朝向太阳，以获取最大的电能，"嫦娥一号"采用了可一维转动的驱动机构，它能带着太阳电池翼像桨轮一样实现360°的转动；另外它会利用太阳敏感器来捕获太阳的方位，然后不断控制驱动机构一直保持太阳电池翼获得最佳的太阳入射角，从而为"嫦娥一号"提供充足的能源。为了使"嫦娥一号"的定向天线一直对准地球，从而把工程遥测和科学探测数据及时传输回地球，科研人员研制了定向天线的双轴驱动机构，它可在半球空间内满足高精度指向定位要求，使定向天线具备对地球的跟踪指向能力。

紫外敏感

通过前述方式，解决了月球探测过程中的三体定向的难题。同时"嫦娥一号"还采用了多种手段确保三体定向的精度要求，其中一项新技术是紫外敏感器。

"嫦娥一号"上的科学探测仪器只有在垂直对准月面时才能最好地发挥功效，因此需要对"嫦娥一号"的姿态，特别是俯仰方向和滚动方向的姿态进行实时控制，及时纠正各种因素引起的卫星姿态偏差，以确保科学探测仪器始终处于最佳工作状态。制导导航与控制分系统中的紫外敏感器就是一种用于测量"嫦娥一号"对月姿态的光学姿态敏感器。

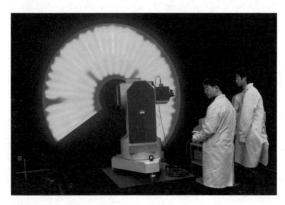

◆测试紫外敏感器

在地球大气层内存在着很稳定的红外辐射带，无论白天黑夜、阴晴雨雪、风云雷电，红外辐射带都始终呈现为一个完整的圆盘，而且辐射强度、圆盘直径变化都很小。由于地球大气温度相对太空背景温度要高很多，因此地球大气红外辐射也要比太空背景红外辐射强度高。利用这一特性，专家为人造地球卫星研制出了红外地球敏感器，它是利用探测红外光谱来获得地球地平信息，然后经过进一步的技术处理获得地心垂线方向，即可得到俯仰方向或滚动方向的姿态偏角。

红外地球敏感器现已在人造地球卫星甚至宇宙飞船上应用得非常普遍，但这种敏感器并不能应用于月球探测任务，原因是月球没有大气层，也就不可能具有稳定的红外辐射带。此外，月球本身不发光，仅反射太阳光，而且随阳光照射角及观察方向的不同，月球会呈现不同的月相，也就是通常所说的"月有阴晴圆缺"。月球在阳光照到的部分辐射很强，而阳光照不到的阴影部分，辐射弱得几乎探测不到。所以，在"嫦娥一号"上不能使用红外敏感器作为月球的敏感器。

那么，该采用什么样的敏感器来作为"嫦娥一号"的"眼睛"呢？科研人员经过研究月面不同物质、不同地形的反射特性后发现，月球有稳定的紫外辐射。因此，"嫦娥一号"采用紫外敏感器作为"眼睛"来观察月球。

保温有术

"嫦娥一号"的热控制分系统也很重要，它用于对探测器内部和外部的热量进行控制，使其温度达到所要求的范围。通常，航天器的内部温度保持在-10～45 ℃的范围内，个别部分只允许在恒定的温度下有1～2 ℃的变化范围。电子仪器设备长时间在50 ℃以上的环境下工作容易产生故障，而有一些设备，如化学电池，在0 ℃以下它的效率又很低。因此，航天器内部必须保持一定的温度范围，以保证探测器内的仪器设备正常工作。而热控制系统可以保证航天器内部的温度始终保持在一定的范围内。

◆清洗"嫦娥一号"散热片

航天器的热控制方式可以分为被动式和主动式两类。被动式热控制在对卫星进行热控制时不需要消耗能量，卫星的内外表面及仪器设备上只需要采取相应的措施就可以达到热控制的目的。它是依靠选取不同的热控材料，合理地组织卫星内外的热量交换过程。

主动式热控制是利用主动加温或降温的方法来达到热量平衡，这很像家庭用的冷热空调，热时吹冷气，冷时送热风。在大多数情况下，卫星会同时采用被动和主动两种方式联合工作，以确保温度控制的可靠性和高效率。

根据中学物理知识可知，地球上有三种热传递方式：对流、热传导和热辐射。但在没有大气层的太空，主要通过热辐射来传递热量。相对于月球环境，地球表面的大气层分布均匀，环绕地球飞行的卫星受热辐射的影响较小；而月球表面不存在大气层，并且受阳光照射的影响，其表面的温度变化会非常大。当有阳光照射时，其月面温度高达约130 ℃，而它的背阴面的温度却是约-180 ℃。如此大的温差变化对绕月探测器的温度控制提出了更高的要求。所以，与人造地球卫星相比，"嫦娥一号"的热控制分系统的研制也是一大难点。

此前，月球是我国航天器从未访问过的全新星体。由于探测器绕着月球转，月球绕着地球转，地球带着月球和月球旁的探测器绕着太阳转，相对关系比较复杂，从而导致绕月探测器的热变化巨大。"嫦娥一号"在奔月和绕月飞行的过程中会受到太阳、月球、月球阴影、地球阴影（月食）等影响，外热流条件非常恶劣、复杂，星体各个表面外热流变化很大，尤其是对月面的月球红外热流值，在某些轨道条件下，会在超过1000 W/㎡到10 W/㎡的范围内波动。因此，对绕月探测器的热控制有两个鲜明特点：一是其热环境较地球环境有非常大的差异；二是有特殊热控要求的仪器设备比较多，而且对热控制要求高。

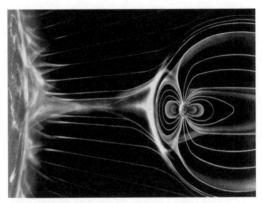

◆ "嫦娥一号"空间环境概况（模拟）

"嫦娥一号"在一年的寿命期内，不可避免地会经历两次月食，每次月食的影响时间均在5小时左右。月食对热控制分系统的温度维持能力和供配电分系统的供电能力、星上状态设置的准确性和最小功耗模式的稳定性等都提出了更高的要求。为了保证星上各探测仪器正常工作，解决热防护问题，经过攻关，科研人员建立了整个月球温度场模型，并结合轨道条件和"嫦娥一号"姿态条件计算出了绕月探测器各个面的外热流。

最终，科研人员为"嫦娥一号"研制了一件能

"冬暖夏凉"的保温"衣服",即特殊的新型热控制分系统。它可实现"嫦娥一号"在炎热的时候能够很好地散热,在寒冷的环境下又能够保证温度。尤其是在发生月食时,其热控制分系统能保证星上所有设备在正常的工作温度范围内。

为了探测的需要,"嫦娥一号"上安装科学探测仪器的一面要一直对着月球。为此,星体的这个对月面采用了一种特殊的超级隔热材料,主要是为了防止月面上的红外热流对探测仪器产生影响。而其余的5个面由于不对着月面,所以安装了一种特殊的散热材料,能够做到最大程度地散发热量。

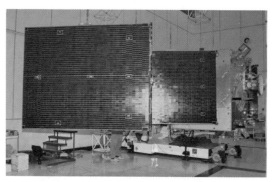

◆ "嫦娥一号"太阳电池翼展开试验

当"嫦娥一号"绕月正常飞行时,其太阳电池翼吸收阳光,而5个散热面就是热控制分系统的最重要部分。当"嫦娥一号"飞行至月球的背阴面时,由于经历的时间较短,其热控制分系统能够根据之前收集的热量进行适当调整。当"嫦娥一号"进入月食环境后，真正考验热控制分系统的时刻来到了。由于"嫦娥一号"需经历长达5小时的寒冷环境，所以科研人员在热控制分系统中采用了导热管技术，它是一种被动式热控制方式，在"嫦娥一号"内部安装的这种特殊导热管可以把发热量大的仪器的热量传导到不发热的仪器上，让冷热温度在导管内部循环流动，使冷热面的温度得以均匀化。采用这种技术让温度均匀化后，可以减少5个散热面的面积，也就相应地减少了热量的流失。当用蓄电池给"嫦娥一号"提供能源的时候，其产生的多余热量可以通过导热管散布到"嫦娥一号"的各个面，这就使蓄电池的温度得以控制而正常工作。

不惧月食

科研人员对"嫦娥一号"在遇到月食如何工作进行了深入研究，想了很多对策。月食是月球进入地球影子时发生的现象。地球的影子有本影和半影之分。当月球的一部分进入本影时，发生月偏食；当月球全部进入本影时，就是月全食。在半影区域内，太阳辐射强度逐渐变化，在太阳辐射强度较大时，太阳电池翼仍能供电。当"嫦娥一号"进入本影区时，"嫦娥一号"转为由蓄电池组单独供电。

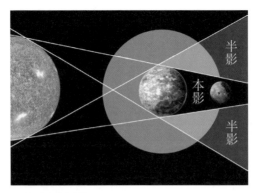

◆月食示意图

　　在月食阶段，为消除月食阴影和正常轨道阴影的叠加效应，缩短月食阴影时间，"嫦娥一号"在进入月食前必须调整其在轨道上的相位，使其不受阴影叠加的影响；在月全食阶段，为节省"嫦娥一号"的能源消耗，其各分系统要求设置为最小功耗模式；月食期间环境温度很低，"嫦娥一号"离开月食本影后，在功率许可的情况下，将调高热控制分系统的补偿加热功率，保证"嫦娥一号"各部位尽快回温。经过这一系列措施，就能保证"嫦娥一号"免受月食的影响。

2.2
奔月之路

　　在发射"嫦娥一号"之前，我国已经发射过多种轨道的人造地球卫星，但是还没有发射过人造月球卫星。从地球到月球不但距离遥远，将近$4×10^5$ km，而且月球自身还在围绕地球进行公转，平均运动速度达1.023 km/s。因此，如何让"嫦娥一号"与运动着的月球精确交会，并沿着工作轨道运行是一个巨大的难题。

　　在人类探月史上，多次发生过月球探测器距离月球过远，与月球"失之交臂"，也曾发生过月球探测器未能进入环月轨道撞到月球上而"粉身碎骨"。由此可见，"嫦娥一号"飞行轨道的设计是整个工程中一项必须突破的关键技术设计。

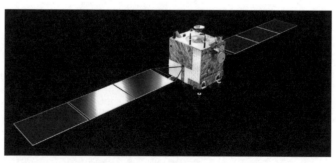

◆奔月途中的"嫦娥一号"示意图

轨道设计

与一般人造地球卫星轨道不同，月球探测器的轨道设计很复杂，需要考虑多种因素。例如，地球和月球的相对运动以及月球的引力，变轨过程应处于地面测控站和测控船可见弧段内，运载火箭推力和发射窗口的选择，月球探测器燃料携带量，轨道月影分布，以及月球探测器能源供应等一系列条件。

在轨道设计过程中，科技人员综合考虑了各种情况，最终设计出一条使"嫦娥一号"奔月飞行中，所需能量最少、发射和变轨过程风险最低的轨道，攻克了轨道设计的难关。

根据中学物理知识可知，要使物体绕地球做圆周运动，其速度必须达到7.9 km/s的第一宇宙速度；要使物体摆脱地球引力束缚，飞离地球，其速度必须达到11.2 km/s的第二宇宙速度；而要使物体摆脱太阳引力束缚，飞出太阳系，其速度必须达到16.7 km/s的第三宇宙速度。

那么，要使月球探测器进入地月转移轨道，其速度应该达到多少呢？实际上，这个速度介于第一和第二宇宙速度之间，即初始速度为10.9 km/s，绕月探测器就可以飞向月球。这是由于月球本身处在地球引力范围内，当绕月探测器离月距离大于6.6×10^4 km时，月球探测器主要受地球引力作用，其轨道是相对于地球的椭圆形轨道；在离月距离小于6.6×10^4 km

时，其主要受月球引力作用，是相对于月球的双曲线轨道。

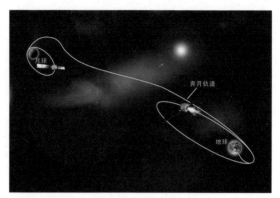

◆简明"嫦娥一号"探月轨道示意图

精选路径

目前，发射月球探测器到月球轨道有多种方式，常用的有四种：第一种是利用运载火箭先将月球探测器送入近地球的圆轨道上，然后靠月球探测器自行加速进入地月转移轨道到达月球；第二种是利用运载火箭将月球探测器送入环绕地球的大椭圆轨道，然后通过月球探测器在椭圆轨道的近地点处加速来进入地月转移轨道，最终到达月球；第三种是利用运载火箭将月球探测器送入地月引力平衡点处，然后在地月引力平衡点处使月球探测器加速进入月球轨道；第四种是用运载火箭把月球探测器直接送入地月转移轨道，从而飞向月球。

以上四种方式在过去的探月活动中都使用过，它们各有特点。根据"嫦娥一号"的使命和性能以及我国当时运载火箭的能力，经过精确的分析和计算，为了用最小的代价实现奔月过程，"嫦娥一号"

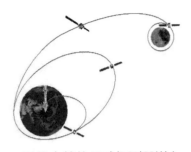

◆运载火箭将月球探测器送入环地球飞行的大椭圆轨道，然后探测器在大椭圆轨道的近地点处加速进入地月转移轨道到达月球

采用了第二种轨道飞行方式，即由运载火箭将"嫦娥一号"送入环绕地球的大椭圆轨道，然后由"嫦娥一号"在该轨道的近地点处不断加速进入地月转移轨道，到达月球后减速成为月球的卫星。当然，采用不同的奔月轨道，抵达月球的时间也不同，但都不会走直线距离，而是按大椭圆轨道飞向月球。

我国"嫦娥一号"在飞往月球的过程时，先由"长征三号甲"运载火箭送入环绕地球运行周期为16 h的地球轨道，运行多圈后经过轨道机动进入运行周期为24 h的轨道，然后通过再次机动进入周期为48 h的轨道。在这个过程中"嫦娥一号"逐渐抬高远地点轨道高度，最后离开地球进入奔月轨道并飞往月球。"嫦娥一号"飞行114 h后到达近月点，并且还要经过3次减速至1.8 km/s，最终进入200 km的极月圆轨道,整个飞行过程历时约12天。

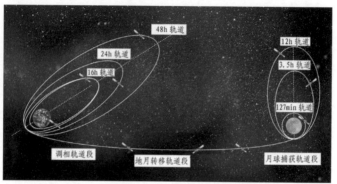

◆ "嫦娥一号"飞行轨道

2.3
飞行历程

　　发射"嫦娥一号"的"长征三号甲"运载火箭能为"嫦娥一号"提供10.3 km/s的速度,从而进入一条近地点为200 km,远地点为51 000 km的大椭圆轨道,即超地球同步转移轨道。但是这还不够,为了能进入到达月球的轨道，"嫦娥一号"的速度必须达到至少10.9 km/s，这就要求"嫦娥一号"还要能给自己加速约600 m/s。

由于在近地点进行一次加速过程要实现的加速量较大，比较难实现；且我国是第一次进行如此长距离的奔月飞行，如果在发射和加速过程出现偏差，很可能造成"嫦娥一号"错过和月球的"约会"。为此，"嫦娥一号"采用了一个在地球轨道进行3次近地点加速的轨道调整方案，即采用调相轨道的方法，使得"嫦娥一号"在超地球同步转移轨道运行。由于能量进一步增大，运行速度不断增大，"嫦娥一号"的远地点高度从而变为约3.8×10⁵ km的地月转移轨道。这段调整过程历时约7天。在调整过程中，确保了有充分的时间对"嫦娥一号"的飞行状况进行

◆ "嫦娥一号"环月轨道飞行示意图

监控，以保证它进入一条正确的轨道。

此后，"嫦娥一号"还要用5天时间沿着一条偏心率很大的椭圆形轨道飞向月球。它飞离地球时的速度为10.9 km/s，随着与月球的距离越来越近，其相

对于地球的速度越来越慢，最终相对月球运动的速度约为2.4 km/s。

此时，由于月球的引力作用还不够强大，"嫦娥一号"的速度比将自己"栓"在月球身边所需速度的1.6 km/s要大，如果不减速到一定程度，"嫦娥一号"会一去不回头，离开月球和地球，漫游在更加遥远的深空里。因此为了使"嫦娥一号"被月球"俘获"，"嫦娥一号"主动减小飞行速度，使其相对月球的速度减小约800 m/s，最终在2007年11月7日成功进入周期为127 min、高度为200 km的极月圆轨道，正式进入科学探测的工作轨道。

简而言之，"嫦娥一号"到达月球附近的轨道，整个飞行过程要经历调相轨道、地月转移轨道、月球捕获轨道三个阶段。在调相轨道和月球捕获轨道之所以要进行多次变轨而不是一步到位，是根据月球探测器上发动机的推力设计的。一方面是为了能通过多次变轨在时间上腾出精确调整的余地；另一方面是减小每次控制量可以节省燃料，减少在大的速度变化中的重力损耗。另外，如果发动机一次速度变量太大，会使发动机承受的负荷太重，潜在风险会大于多次变轨，也不利于延长探测器的使用寿命。

八大"神眼"

根据我国绕月探测器工程的科学目标，"嫦娥一号"上搭载了8种科学探测仪器。其中CCD立体相机用于获取月球表面三维立体图像；激光高度计用于测量月球表面到"嫦娥一号"的高度数据；干涉成像光谱仪、γ射线谱仪、X射线谱仪分别用于月球表面不同物质化学元素的探测；微波探测仪可以测量月球的微波辐射特征，从而反演月壤的厚度；太阳高能粒子探测器和太阳风离子探测器用于地球至月球 $4×10^4 \sim 4×10^5$ km空间环境的探测。太阳高能粒子探测器和太阳风离子探测器在奔月途中就开始工作，其他仪器在探测器进入月球轨道后再开机探测。

立体相机

"嫦娥一号"上的CCD立体相机用于拍摄全月面三维影像，在我国是首次使用。它采用三线阵原理，即沿"嫦娥一号"飞行方向对同一星下点月表目标以三个不同视角拍摄正下方、前方、后方的三幅二维平面图。图像传回地面经过处理后，重构出月表三维立体影像。

立体相机采用三线阵原理，通常利用三台相机来分别指向三个方向，而"嫦娥一号"上的CCD立体相机只采用一组镜头和一片面阵CCD，仅采集前、中、后三条线的数据来拍摄三幅二维平面图，所以极大地简化了结构。不过，这对"嫦娥一号"的姿态和精确定轨提出了更高的要求。CCD立体相机利用月球的自转完成对整个月面的覆盖观测，其分辨率为120 m。

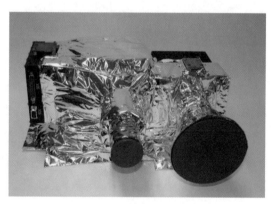

◆CCD立体相机—干涉成像光谱仪

激光测高

激光高度计用于补充月表高程数据和精化月表数字模型，核心任务是激光测距。它由激光器、望远镜和接收电路盒三部分组成。

在工作时，激光高度计首先向月面发射一束大功率的窄脉冲激光，并立刻用望远镜把月球表面散射的激光信号变成电信号，接收电路盒将迅速进行精确计算，通过测量激光往返延迟来计算"嫦娥一号"到月表的距离。用最短时间得出该探测点的月球海拔高度。当激光高度计完成绕月旅行，月球表面每个探测点的海拔高度就一清二楚了。这些数值与CCD立体相机拍摄的平面图像相叠加，就是一幅完整而精确的月球表面三维地形图。

◆激光高度计

光谱探矿

干涉成像光谱仪是利用不同物体具有不同的光谱特性来成像的一种相机。其通过对月球表面进行多光谱遥感，对立体成像的月面数字形貌填充光谱信息，获取月面光波图谱，实现区域性的资源和物质特性的研究。它由前置镜头、狭缝、干涉仪组件、傅氏镜、柱面镜、CCD探测器、箱体等几个部分组成。干涉仪组件、傅氏镜与柱面镜构成干涉仪系统，在CCD探测器上得到干涉条纹；傅氏镜与柱面镜构成了成像仪，在CCD探测器上得到空间一维线阵图像，通过推扫就可以得到二维空间图像。

干涉成像光谱仪可以对月表辉石、斜长石、钛铁矿、橄榄石4种主要矿物的含量与分布进行探测分析。通过对矿物和元素的分析可以确定月球表面主要岩石——月海玄武岩、高地岩石和克里普岩的分布情况。

透视元素

X/γ射线谱仪是根据各种元素受宇宙射线激发产生的X/γ线能谱差异，获得不同元素的分布，探测月球表面元素。X射线谱仪由X射线谱仪探测器、太阳X射线监测器等组成，其中X射线谱仪探测器观测月球方向产生的X射线，太阳X射线监测器观测太阳X射线辐射，用于配合月面X射线探测，获得元

◆X射线谱仪

素的绝对丰度。

月表元素受太阳X射线激发能产生荧光X射线，所以通过探测月表物质发出的、有特征的荧光X射线，可对月球表面有开发利用和研究价值的硅、镁、铝、钙、铁和钛等元素的含量与分布进行探测，获得元素的绝对丰度分布，绘制各元素的全月球分布图；获得月面岩石的组成，确定其在月球表面位置类型和资源分布；发现月表资源富集区，为月球资源的开发利用提供有关的数据；为检验月球形成与演化模型提供重要信息。

获取丰度

γ射线谱仪是获取全月表元素丰度与分布最有效的仪器之一，可有效获取月表钾、钍、铀的丰度与分布。这是由于月表这些天然放射性同位素会直接释放出γ射线，可以通过γ射线谱仪对其进行有效的检测，从而确定它们的丰度与分布特征，还可以有效获取月表氧、硅、镁、铝、钙、铁、钛、钠、锰、铬及稀土元素（镧）的丰度与分布。太阳活动产生的质子和高能宇宙射线与月表物

◆ γ射线谱仪

质（化学元素）发生各种核反应产生的放射性核素，在其衰变过程中，会释放出特征能量的γ射线。通过测定γ射线的能谱，可以计算出对应元素的丰度与分布。

通过全月面γ射线谱仪的探测，可探测月表各主量元素和有用元素的含量与分布特征，确定克里普岩、月球高地斜长岩、月海玄武岩的类型、分布，评估月球矿产资源（铁、钛等）的开发利用前景。

世界第一

微波探测仪主要用于获取月壤的厚度，即找出月壤和月岩分界面的分布，并给出月球背面的亮度温度图和月球两极地面的信息。它由4台不同频段的微波天线和微波接收机构成，其利用4个频率不同的微波频段在月壤中穿透深度不同的特点，对月壤在特定频段的微波辐射亮度进行测量，从而反演月壤厚度。其中，波长较短的高频微波辐射反映的是月球表面的微波辐射信息，波长较长的低频微波辐射反映的是月球次表面的微波辐射信息。该探测仪通过采用不同频率的微波辐射计，分别接收来自同一区域不同深度的月壤微波辐射信号，比较分析测得各频段亮温信号之间的差异，能够反演出月表以下的次表层信息和月壤的厚度信息，确定月壤富集区。

至今，美国、欧洲、俄罗斯和日本等国从未在探月过程中使用过可以全天候、全天时工作和具有一定穿透能力的微波遥感技术，所以"嫦娥一号"上安装微波探测仪是世界上首次在月球探测器上装载微波遥感装置，以实现对月球表面更为细致深入的探测。

◆微波探测仪

最早工作

太阳高能粒子探测和太阳风离子探测是我国继近地空间环境探测之后迈向行星际探测的第一步，其探测结果能够获得空间环境变化的主要参数，提供相关的日、地、月空间环境信息。它们在"嫦娥一号"上天后的第二天就开始工作了。

太阳高能粒子探测器的前方开孔处为半导体传感器，当高能粒子进入传感器后，由于高能粒子的电离作用，在半导体中会产生电子空穴对，电子空穴对在传感器两端所加的高压电场的作用下，会被分别收集到传感器的两端，从而在传感器的两端输出一个电荷脉冲，形成电信号，此电信号就携带有高能粒子种类及能量的重要信息。

　　该探测器主要用于监测"嫦娥一号"轨道空间的高能带电粒子（主要为质子和重离子）成分、能谱、通量和随时间的变化特征，为研究太阳耀斑及太阳宇宙射线服务。

◆太阳高能粒子探测器

探太阳风

◆太阳风低能离子探测器

　　"嫦娥一号"上的太阳风离子探测器不同于以往的低能离子探测方案，其能获得较大的增益和较好的分辨率。其工作过程是：探测器的输出数据经过探测器上的远置单元采集并下传至地面接收设备，地面接收到数据后，数据处理人员将获得的数据根据"嫦娥一号"所处的位置还原为探测器实际测得的粒子种类及能量信息，从而判断出卫星所处位置所受到的高能粒子辐射的强度及其随时间变化的情况。

成果丰硕

2007年11月20日，"嫦娥一号"绕月探测器传回了第一幅月面图像。2008年7月1日，"嫦娥一号"完成了全月球影像数据的获取。2008年10月24日，"嫦娥一号"实现了在轨1年寿命，完成了各项任务。此后，又利用"嫦娥一号"开展了变轨等10余项验证试验。为了给探月工程二期"探路"，积累落月过程控制和轨道测定方面的经验，"嫦娥一号"于2009年3月1日受控撞击了月球丰富海区域，成功完成硬着陆。

"嫦娥一号"累计飞行了494天，其中环月482天，比原计划多了117天；飞行期间经历3次月食；传

◆中国国家航天局于2007年11月26日正式公布的"嫦娥一号"传回的第一幅月面图像

回了1.37TB有效科学探测数据；获取了全月球影像图、月表化学元素分布、月表矿物含量、月壤分布和近月空间环境等一批科学研究成果，填补了我国在月球探测领域的空白。

其中，"嫦娥一号"的CCD立体相机首次实现了月球表面的100%覆盖，使我国制作的"全月球影像图"在几何配准精度、数据的完整性与一致性、图像色调等方面均达到国际先进水平；根据"嫦娥一号"的激光高度计所获数据制作的分辨率为3000 m左右的全月球数字高程模型，在精度和分辨率上都达到了国际先进水平，并在此基础上制作出达到国际领先水平的全月球三维立体数字地形图；"嫦娥一号"的γ射线谱仪获得了铀、钍、钾等3类重要元素的全月球分布和含量，以及镁、铝、硅、铁、钛等5类重要元素的局部区域的分布和含量；通过国际上首次采用的微波探测仪所获数据，推算出月壤平均厚度为5～6 m，月壤中的氦3含量约为10^6 t；"嫦娥一号"还获得了太阳高能粒子时空变化图、太阳风离子能谱图和时空变化图等，发现了它们与地球磁场和月表带电粒子之间相互作用过程中的一些独特物理现象；科学家根据"嫦娥一号"的数据推断出月球岩浆洋的结晶年龄为39.2亿年，提出月球东海盆地倾斜撞击成因的新观点。

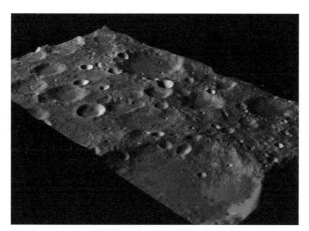

◆ "嫦娥一号"所拍摄的月面三维立体图

2.5
其他系统

　　"嫦娥一号"探月工程由五大系统组成，即除了"嫦娥一号"绕月探测器外，还包括运载火箭、发射场、测控和地面应用等4个系统。与载人航天工程相比，绕月探测工程少了航天员系统和着陆场系统。

一"箭"钟情

"嫦娥一号"利用经过适应性改造的"长征三号甲"火箭发射。该火箭主要用于把航天器发射到地球同步转移轨道。自1994年11月30日成功发射第一颗"东方红三号"卫星以来,"长征三号甲"火箭已成功发射多颗"东方红三号"及其改进型卫星进入各自要求的地球同步转移轨道,每次都圆满地取得了成功。用它发射以"东方红三号"卫星平台为基础的"嫦娥一号"到地球同步转移轨道是很恰当的选择。

"嫦娥一号"的总质量为2350 kg,而"长征三号甲"火箭可将2600 kg有效载荷送入地球同步转移轨道,因此在推力上是没有问题的。另外,"长征三号甲"火箭此前已进行了14次发射,成功率是100%,这表明"长征三号甲"是一种技术先进而成熟的运载火箭。由于"长征三号甲"火箭拥有更灵活先进的控制系统,可以在星箭分离前对有效载荷进行大姿态调姿定向,并提供可调整的航天器起旋速率,因而其具有很强的

◆吊装整流罩

适应性。

根据设计，"嫦娥一号"应由"长征三号甲"运载火箭发射到近地点200 km、远地点$5.1×10^4$ km的超地球同步转移轨道，所以火箭必须能够精确地将探测器送入这一预定轨道，才能准确完成预定的探测任务。为了满足"嫦娥一号"的特殊要求，科研人员对"长征三号甲"运载火箭控制系统

◆ "长征三号甲"火箭从西昌卫星发射中心发射"嫦娥一号"

增加了单机和线路的备份，确保火箭飞行过程中不出现任何偏差。此后，"长征三号甲"运载火箭在发射"嫦娥一号"时，无论是发射时间，还是发射精度，都圆满完成了任务。

掌控妙手

由于旅途遥远，所以对"嫦娥一号"飞行轨道、姿态及其各分系统工作状态进行跟踪测量、监视与控制的航天测控系统就显得尤为重要。因此，科研人员

在地面与"嫦娥一号"之间用无线电跟踪导航、遥测和遥控架起了一座桥梁，这种远程测控通信是掌控深空探测器的无形之手。

"嫦娥一号"的测控系统以我国当时已有的统一S频段（USB）航天测控网为主，辅以中国科学院的甚长基线干涉（VLBI）天文测量系统，并通过国际联网增加覆盖时段。

此前，我国的大部分卫星距离地面$4.2×10^4$ km以内，个别卫星离地面最远距离可达$8×10^4$ km。而在绕月探测工程中，"嫦娥一号"距离地面最远可达$4×10^6$ km，是地球静止卫星距地面距离的10倍以上。这就给现有的航天测控网带来了极大的挑战。

一是无线电波传输时间的延迟。测控信号需要1.35 s才能从地球到达月球，这对于准确测控来说就显得太慢了。

二是无线电信号衰减非常大。信号强度跟距离的平方成反比，也就是说测控距离增加一倍，信号强度就只剩下1/4。"嫦娥一号"的测控距离是普通卫星的10倍，信号强度只剩下1%左右。如何弥补深空测控通信带来的巨大距离衰减，是测控通信面临的又一个困难。

三是巨大的无线电信号衰减直接使信息传输速率受到极大的限制，为满足远距离通信误码率的要求，必须降低通信信息传输速率。

四是测控覆盖范围受局限。目前的深空探测，都立足于地面测控站对探测器的跟踪测量，单个地面站一天内可连续跟踪测量深空探测器的弧段最长不超过13个小时，为了增加对探测器的跟踪测量时间，需要在全球布站或开展国际合作。

针对我国航天测控系统的现状，面对这些难题，我国首次采用了"USB＋VLBI"联合测轨的方法，以提高定轨精度。

首先是提高USB测控系统的能力。天线口径和探测距离成正比，增大天线口径可以增加探测距离。因此在USB测控系统中的喀什测控站、青岛测控站新建了直径18 m的大天线，改善了以往用于地球卫星天线的信道余量，提高了测量精度，增强了系统可靠性，使地面站作用距离从地球范围延伸到月球范围。

其次是在航天测控领域引入天文测量技术。

◆喀什测控站的18 m天线

天文测量使用的射电望远镜能够接收遥远星系的射电源发出的宽带微波辐射信号，它是由大口径天线、低噪声接收机和宽带记录装置组成的无线电接收系统。但是，单个射电望远镜无法实现测轨、定轨，必须要把2个以上的射电望远镜组合起来。其基本原理是，通过设在不同位置的天线，接收同一无线电信号，计算信号到达两个天线的时间差，确定射电源相对于2个天线的角度。通过3个不在一条直线上的天线，就可以确定射电源所在的方向。这种测量方法就称为甚长基线干涉测量技术，即VLBI。

USB+VLBI方案是以我国USB航天测控网为主，辅以中国科学院的VLBI天文测量系统，并突破了此系统原有的"事后处理"的天文观测模式，实现了准实时处理，解决了月球探测器远程测控和高精度测轨、定轨的难题。

由于受地球自转的影响，一个地面测控站不可能实现对空间探测器进行全程跟踪和测控，地球上的一个地面站对深空目标的每天观测时间最长不超过13个小时，剩余的11个小时内由于受到地球的遮挡，无法连续跟踪深空目标。为此需要由地球上不同经度、不同地点的多个地面测控站和测量船组成测控网，以"接力"方式实现地面连续跟踪测控。深空目标测控网是完成空间探测器无线电跟踪导航、无线电遥测、无线电遥控的地面综合电子系统，由多个地面测控站、测量船、测控中心以及用于相互间沟通的通信系统构成。通过地面测控站，测量船直接对空间探测器实施无线电跟踪测轨、遥测信号接收、发送遥控指令和数据注入。

　　绕月探测工程测控系统由北京航天飞行控制中心、西昌卫星发射中心，分布在全国各地的地面测控站，如青岛站、喀什站，分布在北京、上海、昆明和乌鲁木齐的天文观测站、VLBI中心，布置在太平洋海域指定位置的"远望二号""远望三号"航天测量船，以及国际联网的地面测量站组成，由时统、通信和数据传输系统将所有测控站点联成一个整体。北京航天飞行控制中心是绕月探测工程的飞行控制中心。这一"天罗地网"基本可使"嫦娥一号"按预定要求稳定工作。

◆北京密云天文观测站50 m天线

我国VLBI天文测量网由北京密云站、乌鲁木齐南山站、昆明凤凰山站、上海佘山站4个地面站和1个数据处理中心（上海）组成。位于我国各地的4个地面站构成6条测量基线，最长基线长度可达3200 km。

随着深空探测活动的深入开展，国际合作已经成为利用现有测控资源和地理区域优势的有效手段之一。在"嫦娥一号"飞行过程中，为了进一步提高测控覆盖率和可靠性，我国与欧洲航天局的库鲁站、新诺舍站（澳大利亚）和智利圣地亚哥站等开展国际联网合作，形成"国内测控船/站 + 国外测控站"的全球布站方案，使"嫦娥一号"的测控覆盖率达98%以上。

出发原点

"嫦娥一号"从西昌卫星发射中心启程，这里具备了探月飞行器起飞的条件。为适应"嫦娥一号"的特点，西昌卫星发射中心进行了多处改进，特别是在安全和可靠性上。

西昌发射中心相较酒泉、太原卫星发射中心具有独特的地理优势。西昌卫星发射中心所处纬度低，可以充分利用地球自转的附加速度，节省运载工具的能量消耗。自1984年首次完成发射任务至今，西昌卫星发射中心取得了举世瞩目的辉煌成就，创造了我国航天史上第一个发射地球同步轨道卫星、第一个发射试验通信卫星、第一个发射实用通信卫星等多个"第一"。

◆西昌卫星发射中心

西昌卫星发射中心现有2个发射工位，"嫦娥一号"在3号发射工位发射。3号发射塔架建成于1983年，曾圆满完成了我国第一颗试验通信卫星"东方红二号"等16次卫星发射试验任务，无一次失败，被誉为中国航天的"功勋塔"。

2005年下半年，西昌卫星发射中心协同有关单位和部门，开始对3号发射塔架及部分附属设施进行大规模改造，引入远程控制、常规加注三维实时显示系统、低温燃料浓度报警系统等新技术，改造后的发射塔架设备更为先进可靠、自动化程度更高、安全性更强，从而为星、箭测试发射提供了良好的硬环境，极大增强了综合试验发射能力，进一步提升了我国在国际航天发射市场上的竞争力。2006年12月30日，西昌卫星发射中心3号发射塔架升级改造完毕并正式启用，升级后的3号发射塔架已迈入世界领先行列。

成果摇篮

绕月探测器最终目的是获取各种探测信息和数据，得到预期的应用成果。绕月探测工程的地面应用系统负责实施在轨业务运行，下行数据接收、处理、研究和发布等功能。它由运行管理、数据接收、数据管理、数据处理、科学应用与研究等5个分系统组成，包括绕月探测器运行管理中心、数据接收中心、科学数据处理和研究中心3个部分，具体负责工程科学目标的提出，"嫦娥一号"科学仪器的遥控，探测数据的接收、处理、管理和研究。

运行管理中心是地面应用系统的神经中枢，负责对"嫦娥一号"上的8种科学探测仪器进行指挥调

◆地面应用系统运行控制大厅

度，保证仪器有序工作，以免出现"撞车"现象。例如，卫星上的照相机什么时候"睁开眼睛"给月球拍照，什么时刻"闭上眼睛"给照相机充电，都要通过地面系统来发出指令。它也是地面应用系统业务的运行中枢，技术人员使用这里的硬件与软件设备，对整个地面应用系统进行控制，并调度地面应用系统运行。

数据接收中心负责接收"嫦娥一号"发回地面的科学数据。"嫦娥一号"工作在$3.8×10^5$ km之外，数据信号传输的衰减量很大，传输的时间延迟也长，地面能够接收到数据的地域覆盖率低。为了能够接收从遥远的"嫦娥一号"上传来的数据，地面应用系统建设了两座当时国内最先进的深空探测地面站——密云

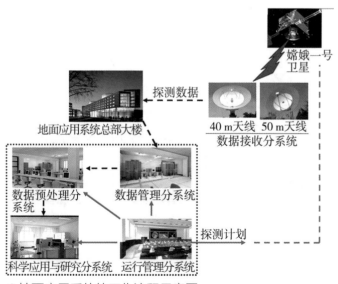

◆地面应用系统的工作流程示意图

地面站和昆明地面站。这两座站分别拥有我国当时口径最大、接收能力最强，并集深空探测卫星数据接收和射电天文观测与研究为一体的50 m天线和40 m天线。

　　通过天线接收下来的信息只是一些二进制的数据，不能供给科学家直接进行科学研究，需要把这些二进制的数据转换成能够被科学家进行科学研究的图像、谱线等数据。经过预处理之后，本来非常抽象的探测数据变成科学家能识别的标准数据产品，但这些产品还不能成为公众所能理解的成果，需要对这些数据产品进行"深加工"，加工成能够直观地反映月球表面各种特征的图像，例如我们期望看到的月球表面的立体地图、岩石类型的分布图等。这个工作是由科学数据处理和研究中心最终完成的。

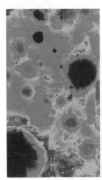

◆ "嫦娥一号"拍摄的第一幅月面图像局部区域形貌图；从左到右分别为三个视角影像处理形成的数字高程模型图，正视影像与数字高程模型处理形成的正视射像图，正射影像与数字高程模型处理形成的数字高程色彩编码地形图

第三章　地外星球漫游

　　从获取探测数据的直接性和丰富性来看，软着陆探测和巡视勘察是其他探测形式所不能替代的。我国落月探测实施了"嫦娥二号""嫦娥三号"共2次飞行任务，现已都顺利完成，其中"嫦娥三号"着陆器目前仍在工作，是世界上在月面工作时间最长的着陆器，每天都在刷新纪录。

3.1
先头部队

由于探月工程二期需要攻克的关键技术多，技术跨度和实施难度大。因此，为了降低探月工程二期的风险，我国先于2010年10月1日用"长征三号丙"火箭先发射了"嫦娥二号"，以突破"嫦娥三号"部分关键技术。被称为"二姑娘"的"嫦娥二号"原来是"嫦娥一号"的替补。由于"嫦娥一号"表现出色，所以"嫦娥二号"后来被改作我国探月工程二期的技术先导星，以积累相关经验，并在"嫦娥一号"任务的基础上深入开展月球科学探测和研究。

"嫦娥二号"运行在距月表约100 km高的极轨道上，设计寿命为半年，分辨率为7 m，比"嫦娥一号"提高了17倍，主要完成两大任务：一是对新技术进行试验验证，对未来的预选着陆区进行高分辨率成像；二是获得更加丰富和准确的探测数据，深化对月球的科学认知。

"嫦娥二号"工程总设计师吴伟仁把"嫦娥二号"任务的特点归纳为"快、近、精、多"。"快"是指到达月球的时间缩短；"近"是指探月卫星的绕月轨道从原来的200 km降低到100 km，最近点只有15 km；"精"是指测量精度提高，运行在100 km轨道时相机分辨率为7 m，运行在15 km轨道时相机分辨率为1 m；"多"是指试验多，要进行轨道机动和使用降落相机等多项试验。

升级载荷

"嫦娥二号"的科学目标与"嫦娥一号"一样，要完成四项任务。它载有7台科学探测仪器（比"嫦娥一号"少1台干涉成像光谱仪），但全面升级了有效载荷，且运行轨道低，因此所获得的数据精度更高。

例如，它采用了新研制的TDI-CCD（时间延迟积分-电荷耦合器件）立体相机，能获取全月球表面高清晰三维影像，分辨率为7 m。这种相机通过积分增值的原理来增加光学的能量，即用96条线CCD对同一目标采样，最后把信号全都累加，使得相机分辨率、信噪比能够达到一定的要求，解决了时间短、分辨率高、能量不够的问题，即使很暗的目标，该CCD相机也能把它照出来。

此外，"嫦娥二号"上的相机所采用的推扫成像技术还保证了在月球自转的情况下获得清晰的全部图像，以满足分辨率提高对相机曝光控制的要求，是我国相关载荷研制技术的一个重要突破。

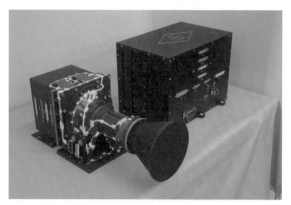

◆"嫦娥二号"上的TDI-CCD立体相机

　　"嫦娥二号"上国产的激光高度计也做了一些改进，其激光重复频率从原先的1 Hz提高到5 Hz，即1 s可以测5个点的高程数据，较"嫦娥一号"的1 s只能测1个点有很大提高，激光测距精度也达到5 m。

◆测试"嫦娥二号"激光高度计

利用技术改进的γ射线谱仪和X射线谱仪，使探测月球的物质成分和含量精度提高了大约4倍，可以探测月球表面9种元素——硅、镁、铝、钙、钛、钾、钍、铀的含量与分布特征，获得更高空间分辨率和探测精度的元素分布图。

改进平台

与"嫦娥一号"的9个分系统相比，"嫦娥二号"增加了一个技术试验分系统，主要用于实现星地X频段测控体制验证，并试验降落相机等相关技术，为探月工程二期进行先期验证和技术储备。

探测器的平台也进行了部分改进，例如，和"嫦娥一号"的200 km运行轨道相比，"嫦娥二号"的100 km运行轨道上的热流增加了20%～30%，平均温度要升高15 ℃左右，要面临120 ℃左右的高温。所以工程师采取了三项措施来解决温度问题。

◆ "嫦娥二号"星体外面的金箔用于保温

一是重新设计了热控系统。对于"嫦娥二号"内部元器件来说，0～20℃的温度是最理想的工作温度。为了把温度降下来，专家对"嫦娥二号"舱内的热交换系统进行了重新设计和布局，使"嫦娥二号"受到照射的部分和没有受到照射的部分之间能够迅速实现热交换，从而使其不致高温过高、低温过低，维持一种平衡的状态。

二是为"嫦娥二号""穿上"一套采用聚稀氩胺材料的金银外衣，金衣由一层层比羽毛还轻的膜状物和网状物间隔拼叠而成，共有15层，可以隔热，其保温效果足以和热水瓶瓶胆的保温效果相媲美；银衣是一层类似镜子一样的膜，它具有很强的反射能力，能够反射85%左右的太阳光，同时它还具有较强的散热能力，当舱内温度过高的时候可以把热量排散掉。两者组成了一个天然的空调系统，使"嫦娥二号"能够在100℃高温环境中正常工作。

三是为"嫦娥二号"装上了更加灵活的太阳电池翼。一般情况下，空间探测器的太阳电池翼会自动调整至与太阳光垂直的角度，以保证太阳光线能够直射到太阳电池翼上。但是，"嫦娥二号"处在高温环境中，太阳光的持续直射可能造成帆板温度过高而失效。所以，为使"嫦娥二号"的太阳电池翼帆板在高温环境中保持良好的工作状态，技术人员在设计时使其和太阳光线成60°夹角，避开太阳直射，而不是直接垂直于太阳光线，这样温度就会大大降低；而且"嫦娥二号"上有一套软件系统，在温度达到一定高度时，软件可以使太阳电池翼停转，停留在和太阳光线成30°夹角的地方，使温度降下来。

六大突破

与"嫦娥一号"任务相比，"嫦娥二号"任务技术更新、难度更大、系统更复杂，相应的风险也随之增加。在技术上，"嫦娥二号"共实现六大突破，这些突破也是"嫦娥二号"的工程目标。

一是突破了运载火箭直接将卫星发射至地月转移轨道的发射技术。利用"长征三号丙"火箭将"嫦娥二号"直接送入了近地点高度200 km、远地点高度约$3.8×10^5$ km的地月转移轨道。相比"嫦娥一号"，"嫦娥二号"取消了调相轨道飞行，改为直接进入地月转移轨道，从而节省了7天时间，并充分利用了运载火箭的能力，减少了"嫦娥二号"的燃料消耗。

有人形容"嫦娥一号"奔月走的是"国道""滚梯"，"嫦娥二号"奔月走的是"高速公路""直梯"。不过相比于"嫦娥一号"发射时的火箭飞行轨道，"嫦娥二号"发射由"固定靶"升级为"移动靶"，难度大大增加。

二是首次试验了X频道深空测控技术，初步验

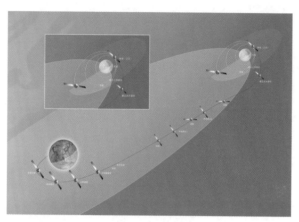

◆ "嫦娥二号"飞行轨道示意图

证了深空测控体制。相比"嫦娥一号"使用的S频段
（2～4 GHz），X频段（8～12 GHz）具有传输速度
高、信号衰减小和负载数据多等优点，远距离测控通
信效果更好，并可用更小的设备、更低的功率传输
更多的数据，在不增大天线口径的前提下，能增加

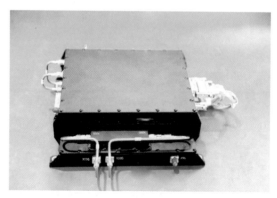

◆ "嫦娥二号"上的X频段测控应答机

2.6 dB的增益。这可为以后的深空测控打下基础。在"嫦娥二号"任务中，主要还是用S频段，而"嫦娥三号""嫦娥四号"时主要使用X频段进行测控通信。

三是首次验证了100 km月球轨道捕获技术。"嫦娥一号"是在距月面200 km处通过制动被月球捕获的，而"嫦娥二号"要在距月面100 km附近一特定位置通过制动被月球捕获，所以"嫦娥二号"距月面的飞行轨道更低、速度更快，所需的制动量更大，大大提高了对"嫦娥二号"制动控制精度的要求。其制动的时机和制动的大小要恰到好处，如果制动早了，"嫦娥二号"到达不了月球轨道；如果制动过了，"嫦娥二号"有可能撞月；如果制动轻了或晚了，"嫦娥二号"会越过月球轨道。

"嫦娥二号"的控制能力和测控系统的测量精度是确保第一次近月制动成功的关键。2010年10月6日，"嫦娥二号"第一次近月制动成功，进入了近月点约为100 km、远月点约为8000 km的椭圆轨道，为"嫦娥二号"最终进入"使命轨道"进行科学探测活动奠定了坚实基础，使我国航天测控"月球精密定轨"技术得到了进一步验证。后又经过两次近月点制动，"嫦娥二号"最终进入了高度为100 km、周期为117 min的极月圆轨道。

四是首次验证了近月点15 km、远月点100 km轨道机动与快速测定轨技术。"嫦娥二号"在进入

100 km的极月圆轨道后先完成在轨测试和技术验证，然后择机变轨，进入了近月点15 km、远月点100 km的椭圆形绕月轨道，其任务：第一是开展轨道机动试验，验证"嫦娥三号"任务着陆前在不可见弧段变轨的星地协同程序；第二是在运行至近月点15 km时，重点拍摄后续任务着陆的虹湾预选着陆区"特写"，分辨率可达1 m，细致考察未来"嫦娥三号"的着陆区；第三是验证快速测定轨等相关技术。

这样的轨道调整风险很高，因为虹湾预选着陆区在朝向地球的一面，而目前采取的控制方式都是对称控制。所以，如果想调整"嫦娥二号"在月球正面的高度，科研人员必须在月球背面进行控制，提前输入数据，然后靠"嫦娥二号"自主控制变轨。变轨1~2天后，"嫦娥二号"还要返回100 km极月圆轨道，继续开展科学探测任务。

选择预选着陆区的原则是：为了保证安全，必须地势平坦，有利于月球着陆器着陆；要在月球正面，以便进行测控通信；应有科研考察价值，并选在他国没考察过的地方；阳光较好，保证能源供应。

五是首次试验了降落相机、监视相机、低密度校验码遥测信道编码和高速数据传输等技术。降落相机是此后发射的"嫦娥三号"软着陆过程中寻找安全落点的"眼睛"，使"嫦娥三号"在降落过程中能根据图片自主避开不适于降落的地点，临机决断选择

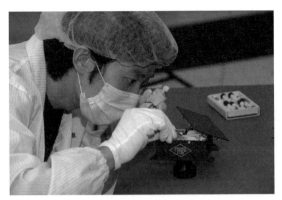

◆组装"嫦娥二号"上的降落相机

一块适宜降落的平坦表面。它是黑白相机，用于获取月球表面图像，具备清晰拍摄与快速拍摄两种工作模式以供选择。

◆"嫦娥二号"上的发动机监视相机在近月制动时对月面成像（距月球100 km）

3台监视相机分别用于监视490 N发动机、定向天线及太阳电池翼的工作情况，使地面第一次看到太阳电池翼和定向天线在太空中展开和转动的真实画面，第一次看到发动机在太空中喷出的火焰，而此前只能展示模拟动画。这3台监视相机拍摄的目标颜色各有不同，且在姿态轨道控制系统配合下还可以从太空中的不同距离、以不同视角拍摄地球和月球的图像。

在"嫦娥二号"飞行期间，还试验了一项具有强纠错能力的创新数据编码技术，它可大幅提高数据传输过程的纠错能力，以提高"嫦娥二号"遥测链路性能，防止外界干扰出现误码，为提高数据传输效率奠定更好的基础。

在地面应用系统的配合下，"嫦娥二号"也分别试验了2倍和4倍于"嫦娥一号"数据传输速率的新技术。"嫦娥二号"的数据传输速率由"嫦娥一号"的3 mb/s提高至6 mb/s，并试验了12 mb/s的传输能力，这可保证"嫦娥二号"获得的高分辨率数据能够尽快传到地面。

六是通过"俯冲"对"嫦娥三号"预选着陆区进行了高分辨率成像。"嫦娥二号"在近月点15 km用相机对"嫦娥三号"预选着陆区进行约1 m分辨率成像试验。2010年11月8日，我国首次公布了"嫦娥二号"传回的"嫦娥三号"预选着陆区月面虹湾区域局部影像图，它标志着"嫦娥二号"任务取得圆满成功。

3.2
拓展试验

　　2011年4月1日，"嫦娥二号"绕月探测器半年设计寿命期满。此后，它开展了三项拓展试验：一是在已获取99.9%月球图像的基础上，补全了月球南北两极漏拍点，获得了世界上最全的高分辨率月球图；二是用主发动机降轨至15 km，再次对"嫦娥三号"预选着陆区虹湾地区进行了高清晰度成像，以验证在月球背面卫星不可监测的条件下，导航控制与推进系统的协同能力；三是离开了月球，飞往太阳与地球引力平衡点——拉格朗日2点（L2点）驻留，进行科学探测。

　　2011年8月

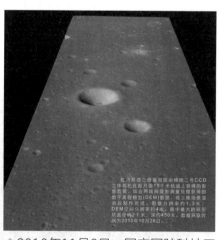

虹湾局部三维俯视图是由绕嫦娥二号CCD立体相机在距月面19千米轨道上获得的影像数据，结合两线阵摄影测量处理获得的数字高程模型（DEM）数据，经三维场景渲染后制作而成。图像分辨率约1.3米，DEM空间分辨率约4米。图中最大的环形坑直径约2千米，深约450米。数据获取时间为2010年10月28日。

◆2010年11月8日，国家国防科技工业局首次发布"嫦娥二号"月面虹湾局部影像图

73

25日，经过77天的飞行，"嫦娥二号"在世界上首次实现了从月球轨道出发，受控准确进入拉格朗日2点环绕轨道，使我国成为世界上继欧洲航天局和美国之后第三个造访拉格朗日2点的国家和组织，并完成$1.5×10^6$ km远距离测控通信，还开展了日地空间环境探测。

2012年6月1日，"嫦娥二号"再次成功变轨，进入飞往小行星的轨道。同年12月13日，"嫦娥二号"在距地球约$7×10^6$ km的深空以10.73 km/s的相对速度，与图塔蒂斯小行星由远及近"擦肩而过"。在与该小行星最近相对距离达到3.2 km时，其星载监视相机对小行星进行光学成像。这不仅是我国首次实现对小行星的飞越探测，也是国际上首次实现对图塔蒂斯小行星的近距离探测，还使我国成为继美国、欧洲航天局和日本之后，第四个探测小行星的国家和组

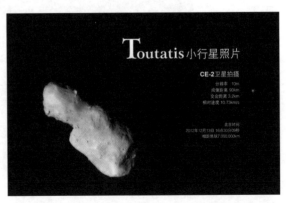

◆ "嫦娥二号"拍摄的图塔蒂斯小行星

织。它开创了我国航天一次发射开展月球、日地拉格朗日2点、小行星等多目标、多任务探测的先河。

"嫦娥二号"工程的实施，创造了我国航天领域多项世界第一：首次获得7 m分辨率全月球立体影像；首次从月球轨道出发飞赴日地拉格朗日2点进行科学探测；首次对图塔蒂斯小行星近距离交会探测，并获得10 m分辨率的小行星图像。

2014年，"嫦娥二号"已成为我国首个人造太阳系小行星，在距离地球$1×10^8$ km时还进行了测控通信，从而为我国未来的火星探测奠定了基础，验证了我国测控通信系统的传输能力。预计2029年前后，"嫦娥二号"将回归距离地球约$7×10^6$ km的近地点。

3.3
首次落月

2013年12月2日，"长征三号乙"改进型火箭成功把"嫦娥三号"落月探测器直接送入地月转移轨道，这是我国探月工程二期——落月探测的最关键一步。随后，"嫦娥三号"于12月14日在月面软着陆，这是美国"阿波罗"计划结束后世界上重返月球的第一个软着陆探测器，首次实现了我国对地球以外天体的软着陆，并使我国成为世界第三个掌握落月探测技术的国家。

◆ "长征三号乙"改进型火箭成功发射"嫦娥三号"落月探测器

主要任务

我国探月工程二期的主要任务是实现月面软着陆和月面巡视勘察，即研制并发射我国第一个地外天体着陆探测器和巡视探测器；第一次建立和使用深空测控网进行测控通信；第一次实现月球软着陆、月面巡视、月夜生存等一系列重大突破。

在人类进行月球与深空探测活动中，软着陆探测是踏上另一个星球进行实地科学探测的第一步，将由一期工程的表面探测拓展至内部探测。目前，由欧洲、日本和印度等组成的探月第二集团（探月第一集团为美国和苏联，他们均已完成探月的"绕、落、回"，美国还实现了载人登月）在先后完成了绕月探测后，都竞相开展落月探测的准备，而"嫦娥三号"的发射和运行使我国比探月第二集团率先实现了落月探测。

"嫦娥三号"的工程目标有三个：一是突破月面软着陆、月面巡视勘察、深空测控通信与遥操作、深空探测运载火箭发射等关键技术，提升航天技术水平；二是研制月面软着陆探测器和巡视探测器，建立地面深空站，获得包括运载火箭、月球探测器、发射场、深空测控站、地面应用等在内的功能模块，具备月面软着陆探测的基本能力；三是建立月球探测航天工程基本体系，形成重大项目科学有效实施的工程方法。该工程成功的标志是探测器安全着陆月面；巡视器成功转移到月面并行驶，两器完成互拍并获得图像，即"落下去，走起来"。

"嫦娥三号"的科学目标有三个：一是调查着陆区与巡视区月表地形地貌与地质构造；二是调查着陆区与巡视区月表物质成分、月球内部结构以及可利用资源；三是探测地球等离子体层以及开展月基光学天文观测。

着陆前，首先要选择着陆区，它需满足四个方面条件：一是安全性，着陆点要相对开阔平坦，便于"嫦娥三号"躲开月岩或月坑；二是科学性，着陆点的地质构造以及月岩、月壤的物质元素要丰富，具有科学探测价值；三是测控性，选择落在月球的对地面，并且光照比较充足的区域，便于通信和测控的连续性；四是创新性，我们要选择一个其他国家没有探测过的地方。

"嫦娥三号"的预选着陆区——虹湾区基本符合这些条件。苏联的着陆地点一般在月球正面偏北的中高纬度地区，我国选择的着陆点虹湾区也在偏北一点，但与苏联的错开。美国的月球着陆点大多在赤道附近，也有个别在偏北或偏南的高纬度地区。

两器组合

"嫦娥三号"宽4 m、高4.2 m，发射质量为3780 kg，其中干重1220 kg，由着陆探测器（简称着陆器）和巡视探测器（简称巡视器，俗称月球车，名为"玉兔号"）组成，所以发射"嫦娥三号"实际上是发射了两个月球探测器。两器分离前，巡视器为着陆器的载荷；分离后，为两个独立的探测器，各自展开月面探测工作。

它们携带了多种"独门武器"，80%以上的技术和产品为全新研发，突破和掌握了月面软着陆（包括着陆减速、着陆段自主导航控制、着陆冲击缓冲等）、月面巡视勘察（包括爬坡越障，月面巡视自主导航等）、探测器间相互通信和月夜生存等关键技术，开展了月球区域性的精细就位探测，实现了中国航天技术的多项"第一"，建立了月球探测航天工程基本体系，为后续工程打下坚实的基础。

◆刚完成热真空试验的"嫦娥三号"着陆器、"玉兔号"月球车组合体

在整个探测过程中，包括地月转移、环月、软着陆、巡视勘察几个阶段。其发射窗口为2013年12月2日，运载火箭将"嫦娥三号"直接送入近地点200 km、远地点$3.8×10^5$ km的地月转移轨道；12月6日，"嫦娥三号"通过一次近月制动被月球捕获（"嫦娥二号"要通过三次近月制动）进入100 km

的环月圆轨道；12月10日，即绕月4天后"嫦娥三号"变轨进入近月点15 km、远月点100 km的椭圆形降落轨道，以便让它离月球越来越近，并做好各项准备。12月14日，"嫦娥三号"从在离月面15 km高的近月点开始动力下降，经过约700 s，它在月球表面虹湾区软着陆；12月15日，着陆后的"嫦娥三号"着陆器择机释放"玉兔号"月球车，成为两个独立的探测器，然后，它们所携带的相机互相拍摄，这标志着"嫦娥三号"任务取得圆满成功。此后，它们在月面开展各自的科学探测任务，即着陆器开展就位探测，"玉兔号"开展巡视勘察。

◆在类似月面的内场进行巡视试验的"玉兔号"月球车

这次任务的特点是：选择与以往不同区域着陆；在国际上首次同时进行就位探测与巡视探测，有望获得比以前更有意义的探测成果；在国际上首次利用测月雷达实测月壤厚度和月壳岩石结构；首次开展日地空间和太阳系外天体的月基甚低频射电干涉观测，进行太阳射电爆发与空间粒子流、光千米波辐射、日冕物质抛射、行星低频噪声和太阳系外天体的甚低频观测研究；首次在月球上采用极紫外相机观测太阳活动和地磁扰动对地球空间等离子层极紫外辐射的影响，研究该等离子层在空间天气过程中的作用；首次进行月基光学天文观测，研究太阳系外行星系统、星震和活动星系；在国际上首次对月面开展多种科学探测。

多项创新

首次实现了我国航天器在地外天体软着陆。目前，国外仅有美国和苏联共成功实施了13次无人月球表面软着陆，中国是第三个实施月面软着陆的国家。"嫦娥三号"探测器经过主减速段、快速调

◆ "玉兔号"在类似月面的外场进行专项试验

整段、接近段、悬停段、避障段、缓速下降段等6个阶段的减速，实现从距月面15 km高度安全下降至月球表面。

首次实现了我国航天器在地外天体巡视探测。此前，全世界只有美国实现了载人登月，苏联开展了两次无人月面巡视探测任务。我国是世界上第二个实施无人月面巡视探测的国家。月球车与着陆器完成解锁、释放、分离、下降到月面、驶离，整个过程每个动作环环相扣，任何一个动作都会影响任务成败。

首次实现对月面探测器的遥操作。"玉兔号"月球车遥操作采用自主加地面控制相结合的方式，根据获取到的环境参数，在地面完成任务规划，而月球车会自主完成局部规划、避障并具备安全监测、应急保护的能力。

首次研制了大型深空测控站，初步建成覆盖行星际的深空测控通信网。我国通过探月工程的实施，新建了18 m、35 m、65 m、66 m（亚洲最大）天线。这些天线的研制，使我国完全掌握了大口径高效率天线的设计、制造、安装技术，以及远距离、弱信号条件下发射、接收技术，实现了高精度、快速测定轨和月面定位目标。

首次在月面开展了多种形式的科学探测。"嫦娥三号"搭载了8台科学载荷，创造了三个"第一"。其一，月基光学望远镜开创了国际上首次在月面开展天文研究的新领域。在月球表面进行天文观测，可以避开大气影响，获得极高精度的观测数据。同时，由于月球约27天才自转一周，所以可对一个目标开展长达300 h的持续跟踪。其二，极紫外相机首次实现国际上在月面对地球等离子体层进行极紫外成像，从而在整体上探测太阳活动、地磁扰动对地球空间等离子体层的影响，同时具有多天连续观测的有利条件，能极大提高我国空间环境监测和预报能力。其三，测月雷达集合其他载荷探测成果，在国际上首次建立了集形貌、成分、结构于一体的综合性观测剖面，建立起月球区域综合演化动力学模型。

◆ "嫦娥三号"探测器落月后月球车驶离着陆器示意图

　　首次在我国航天器上采用了放射性同位素热源和两相流体回路技术，实现探测器在极端温度环境下的月面生存。

着陆不易

"嫦娥三号"任务有三大难关，即着陆关、月夜生存关和巡视关。其中着陆关有三大难点：

一是落月着陆的减速。因为月球表面大气稀薄，所以探测器需要靠自己的推进系统减小工作速度，且速度变化很大。另外，在这个过程中，要对探测器的姿态进行一个比较精确的调整，保证探测器能够着陆在一定区域。为了保证着陆的过程可控，探测器的推力必须可以进行调整。这些都对推进系统的设计提出了很高的要求。

二是着陆段的自主导航控制。因为月面软着陆动力下降过程时间比较短，速度变化很大，所以无法靠地面实施制导导航的控制，而是需要依靠探测器自身的系统利用基于对月测速、测距和地形识别的敏感器进行自主制导导航的控制。

三是着陆冲击的一个缓冲。在着陆月面的时候，着陆器撞击月面会形成一个比较大的冲击载荷，所以必须设计相应的着陆缓冲系统，吸收着陆的冲击载荷，保证探测器在一定姿态范围内不翻倒、不陷落，并为探测器工作提供牢固的支撑。

月球是真空环境，软着陆时不能使用降落伞。着陆过程中，"嫦娥三号"既要用反推发动机把速度降下来，还要避开大石头和大坑，在"嫦娥三号"降落距月面约100 m时，像直升机一样悬停一会儿，利用

◆ "嫦娥三号"通过动力反推下降示意图

智能系统选择一块比较平坦的月面，飞到着陆点高空再靠反推发动机慢慢下降。"嫦娥三号"在减速悬停时做判断，但它不能太久，因为每悬停1 s要多耗费1 kg的推进剂。

当降到离月面4 m高度时，要关闭发动机，以免扬起月尘，污染相机镜头或影响其他设备工作。之后，"嫦娥三号"自由下降，最后靠着陆器的4条支架腿缓冲落在月面上。月球上的重力加速度只有地球的1/6，在距离月面4 m高的地方自由落体是安全的，只要不落在斜坡上和大坑里就可以了。另外，为缓减冲击力，着陆器的每条支架腿都能吸收冲击力，其每只脚都有一个大"鞋垫"，保证它在月面上完全着陆。

因为"嫦娥三号"动力下降过程是一个时间较短、推进剂消耗大和速度变化很大的过程，过程中还要求"嫦娥三号"能自动避障，以提高着陆的安全性，所以它与我国此前已有航天器的制导导航和控制区别很大，无法依靠地面实时控制。在约12分钟的落月过程中，"嫦娥三号"依靠自身的敏感器对月进行测距、测速以及障碍识别，来完成整个动力下降的自主导航与控制，以及软着陆。也就是说，整个软着陆过程基本要靠探测器自主完成。

为此，除了使用"嫦娥二号"已经验证的降落相机，"嫦娥三号"还增加了微波测距敏感器、激光测距敏感器对月进行测距、测速，用着陆地形地貌相机、光学成像敏感器在接近段进行粗避障，用激光三维成像敏感器在悬停段进行精避障，确保探测器在着陆段自主制导导航与控制，实现安全区软着陆。

2013年12月14日，"嫦娥三号"利用1500~7500 N变推力发动机，以1.7 km/s的速度开始"驶"向月面并逐渐减速，实施动力下降。探测器经过点火准备段、主减速、快速调整、接近、悬停（在距月面100 m保持悬停）、避障（可横向移动）、缓速下降、自由下降（距月面2.88 m处自由落体）8个阶段着陆，一共耗时近700 s。"嫦娥三号"落在月球西经19.5°、北纬44.1°的虹湾以东区域，地面很平坦，只有1°~2°倾斜，远低于最大15°倾斜的要求。

安全着陆后，择机完成"玉兔号"月球车分离释放（着陆器建立工作状态；月球车6个车轮解锁，车

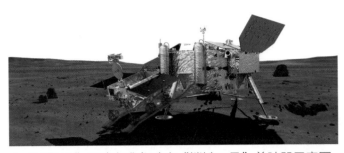

◆ "玉兔号"月球车准备驶离"嫦娥三号"着陆器示意图

体解锁，太阳翼和桅杆解锁并展开到位，导航相机和全景相机对月面成像，两器脐带电缆脱落；月球车移动到转移机构上，随转移机构运动到位并驶离转移机构，抵达月面）。"玉兔号"在月面工作时，月昼进行就位探测和巡视勘察，月夜断电休眠。过月夜后自主唤醒，继续实施探测任务。

"嫦娥三号"在月面智能着陆，也为此后"嫦娥四号""嫦娥五号"着陆奠定了基础。此前，国外的月球着陆器多为盲降，成功率不高。即使在2019年，以色列和印度的首个落月探测器也都着陆失败，在月面着陆并非易事。另外，"嫦娥一号"总设计师叶培健院士在接受采访时介绍，"嫦娥三号"着陆器的4条着陆腿的设计也很重要，研制中也曾经历了多次断裂，这个看起来很简单，过程却十分艰辛。非常可惜的是着陆腿的设计师陈天智博士去世了，倒在了工作岗位上。叶培健院士为他写了副挽联："清华学子，出类拔萃，献身航天事业；大功未成，将星西去，佑我嫦娥落月。"

月夜生存

探测器安全落月后面临的最大难关，是如何经受住月球昼夜极端温差的考验而"存活"下来。月球的一天约相当于地球的27天，而且13天半是阳光普照的白天，13天半是寒冷的黑夜。在月球上，受光部位的极限温度可达150 ℃，未受光部位的温度则为–130～–60 ℃，而到了夜间，温度会降到–180 ℃，有些地区甚至低至–200 ℃。月夜长时间低温对"嫦娥三号"是个严峻考验，因为很多设备的工作温度都有严格限制，在这么低的温度下，所有的电子仪器都会被冻坏，即使天亮后太阳出来了也不能恢复工作。要保证这些仪器设备不被冻坏的最低温度是–40 ℃。另外，在月夜期间不能用太阳电池发电来保温。

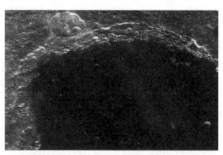

◆ "嫦娥三号"着陆的月球虹湾区

因此，"嫦娥三号"必须解决长月夜生存的问题。为了解决这一难题，"嫦娥三号"首次采用了同位素热源以及两相流体回路、隔热组件、散热面设计、电加热器、低重力环境下机构的重复展开与收拢技术、月尘环境下机构的润滑与密封技术等，以确保探测器系统顺利度过长月夜。例如，到了晚上，"嫦娥三号"断电进入"冬眠"，大部分设备关机或待机，然后用放射性元素钚（Pu）衰变释放的热能，使温度保持在-20 ℃以上，核电源可以连续工作30年；原本展开的太阳电池翼就会折叠起来，像被子一样盖在月球车上，这种"包裹式睡眠"有助于保护各种仪器不被冻坏。等太阳一出来，太阳电池翼通过光照自主唤醒，重新展开继续工作。白天时，"玉兔号"月球车的太阳电池翼还要调整角度，避免被阳光照射得太热，最热的月午，月球车还要进行"午休"。

◆离开"嫦娥三号"着陆器的"玉兔号"月球车

在长达约14天的长月夜里，探测器面临着月昼高温下的热排散问题和月夜没有太阳能可利用情况下如何保证温度环境的问题。为了能够应付极端温度条件下的恶劣环境，"嫦娥三号"采用了全球首创的重力驱动热控两相流体回路以及此前从未在星上用过的可变热导热管，需要时将热量导入舱内，不需要时切断传热途径。

为适应极端温差，设计人员在热控方面做了一些特殊设计。比如，月球车热控分系统利用导热流体回路、隔热组件、散热面设计、电加热器、同位素核源，可耐受−180～120 ℃的极限温度。工作时的舱内温度可以控制在−20～50 ℃之间。这就好比冬天天冷时盖被子和生炉子，夏天天热时开空调。着陆器和"玉兔号"外面都包有多层隔热组件材料，如同日常生活中的被子，把整个探测器给包起来。它是双向隔热的，热量不能往里传，也不能往外漏。高温的时候热量不能从外面传递到探测器里面，月夜的时候从里面不能传到外面。

安装在探测器里发热用的同位素热源如同炉子，可以持续往外放热，整个月夜着陆器和巡视器都靠它来提供热量。但是，这个"炉子"传热还是需要控制的，需要热的时候传，不需要的时候则不传。

到了月昼的时候，月面温度高达约120 ℃，这个时候就需要给探测器"开空调"。那么，在高温下空调机器工作时产生的热量是怎么散出去的呢？在地面可以用冷却剂来散热，而在月面真空环境中只能用辐射方式散热。研制者在探测器上设计了几个特殊的散热面，这样就可以在月昼的时候把热量传出去。

在热控系统设计时，白昼散热和月夜保温需要综合考虑，而可变导热管的安装很好地解决了这个问题。在"嫦娥三号"的整个地月转移、环月、落月过程中，为防止月球红外普照等因素引起的高温，可变导热管一直处在工作状态，从而把热量从设备传到散热面排散出去。而到了月夜，又可以把散热通道断开，同位素热源打开，从而满足保温要求。

◆长月夜中的"嫦娥三号"着陆器示意图

进入月夜，着陆器和"玉兔号"全部断电，进入休眠模式，完全靠同位素热源来提供热量。快要进入月夜时，"玉兔号"会把桅杆收起来。同时，它的一对太阳电池翼也收拢，像被子一样盖在舱上，然后就全部断电。经过一个长月夜后，探测器通过唤醒电路，把电池接通并继续工作。

漫游虹湾

其实，巡视关也不好过。从月表的路况上看，因受太阳紫外线辐射的影响，月壤细粒会周期性地升起，月球重力是地球的1/6，月球车行走时更容易带起大量月壤细粒，形成月尘。月尘可能进入甚至覆盖月球车所载仪器设备，一旦附着将很难清除。月尘可能引起月球车很多故障，包括机械结构卡死、密封机构失效、光学系统灵敏度下降等。

因为缺乏大气，月球车将完全暴露在多种宇宙射线下，强烈的电磁辐射可能破坏电子遥控系统，这

◆ "玉兔号"在巡视中自主避障示意图

对接收系统的最大接收功率提出了相当高的要求。为此，"玉兔号"被设计为身披"黄金甲"，目的不是为了好看，而是为了反射月球白昼的强光，降低昼夜温差，同时阻挡宇宙中各种高能粒子辐射。

另外，月球表面的土壤非常松软，而且崎岖不平，石块、陨石坑遍布。月球车的行进效率会降低。而低重力导致的摩擦系数降低，使得在月球上行走远比地球上容易打滑，这对月球车的控制系统提出了更高的要求。在这种情况下，"玉兔号"既不能打滑下陷，还要能爬坡越障，这就需要具备"眼观六路、耳听八方、独立思考、自主判断"的本领。

月面巡视过程中的自主导航与遥操作控制也很难。巡视探测任务要求"玉兔号"能够在复杂月面环境中实现远距离行使，安全到达指定位置，并保障自身的安全和稳定工作。解决月面环境感知、障碍识别、局部路径规划及多轮运动协调控制是自主导航控制的难题。

"玉兔号"是高智能"机器人"，可以自主导航，自主选择探测路线，自主上下坡，自主规避撞击坑和大型障碍物体。它采用6个空心网状轮子（可防止粘带月尘），其高1.5 m左右的"脖子"上装有360°全景相机，它是一套自主视觉导航系统，可观察前方3 m以内地貌，然后通过计算建立三维立体地图，判断和规划行进路径。如果遇到较大的坡、石块

◆ "玉兔号"在进行移动试验时，为了模拟月面重力，后面有个吊车轻轻吊着"玉兔号"

或坑时，它会避让绕开走，实现未知环境的自主安全避障和自主导航。其活动范围为5 km²，具有20°爬坡、20 cm越障能力，移动速度达到200 m/h。

　　"玉兔号"之所以行驶得慢，是由它的任务决定的。它首先要"看路"，月球上没人帮忙把路修好；其次要向地面传输信息；最后要按照工程目标和科学目标展开工作。它在月面的巡视勘察过程比较复杂。"玉兔号"用相机对周围环境进行感知，并将数据传回地面；地面控制中心利用环境数据和"玉兔号"状态信息进行建模、分析和规划，并对规划进行运动仿真和验证；把通过验证的控制指令再上传给"玉兔号"，"玉兔号"执行控制指令，并自主完成近距离障碍识别和局部路径规划，利用携带的仪器进行科学探测；对于给出的任务计划，还可根据具体情况选择地面操作模式或者自主运行模式。具体说就是"玉兔号"先通过全景相机和导航相机"观察"周围环境，对月面障碍进行感知和识别，然后对巡视的路径进行规划。遇到超过20°的斜坡、高于20 cm的石块或直径大于2 m的撞击坑，就自主判断安全避让。

航天具有高技术、高风险、高投入和高产出的特点，"玉兔号"月球车在运行了1个多月后就无法移动了。叶培健院士认为出现这个故障是因为设计上有两处做得不到位。一是由于月球车要求轻小型化，所以设计得高度集成，相应部分没有备份；二是所有轮子的驱动机构控制电路都在一块电路板上，有可能是一个驱动电路的电源有短路现象。根据地面的模拟试验和推测，由于轻小型化，导线很细，可能在行走过程中，有条导线表皮被石头割破了，导线与月球车支撑体发生了短路。在后续设计时，相关技术人员已充分考虑了这点，并采取了有效措施（经过改进的"玉兔号"月球车现已超期服役）。航天探索有很多未知领域需要人类不断探寻，有很多问题需要我们重新认识。

3.4
着陆利器

性能优异

"嫦娥三号"着陆器是我国成功开发的新型航天器平台，采用了梁板复合式结构和可大范围伸缩的四腿式着陆缓冲机构，设计了自主式、高精度的分段减速悬停式无人着陆控制方案，能够自动智能选定着陆点、进行精确悬停着陆，是我国迄今为止最复杂的航天器之一。

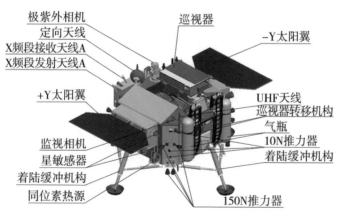

极紫外相机
定向天线
X频段接收天线A
X频段发射天线A
+Y太阳翼
监视相机
星敏感器
着陆缓冲机构
同位素热源
巡视器
-Y太阳翼
UHF天线
巡视器转移机构
气瓶
10N推力器
着陆缓冲机构
150N推力器

◆ "嫦娥三号"着陆器结构图

"嫦娥三号"着陆器的质量为1080 kg，寿命为12个月，由结构与机构、着陆缓冲、制导导航与控制、推进、热控、测控数传、定向天线、数据管理、一次电源、总体电路、有效载荷共11个分系统以及工程参数测量设备等组成，要掌握着陆自主导航控制、着陆变推力推进系统、着陆缓冲系统、月面生存热控系统等关键技术。

　　当"嫦娥三号"完成发射、飞行到达月球时，着陆器采取不同制导方式，从距月面15 km处开始动力下降，经过主动减速、调整接近、悬停避障等飞行阶段，实现路径优、燃料省、误差小的安全着陆。

　　着陆器实现在月球表面软着陆后，首先由着陆器为"玉兔号"月球车充电，对"玉兔号"进行初始化；之后，"玉兔号"与地面建立通信链路，连接解

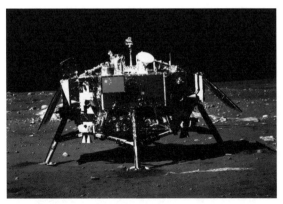

◆ "玉兔号"月球车全景相机拍摄的"嫦娥三号"着陆器

锁机构解锁，走上转移机构；在此之后，着陆器将控制转移机构运动到月面，"玉兔号"驶离转移机构，开始3个月的月面巡视勘察。

着陆器的功能是先实现地月飞行，然后软着陆到月面上，最后留在月面上开展就位探测。它有三大关键技术需要攻克：一是解决着陆的自主导航控制；二是着陆的推进技术；三是着陆的缓冲技术。

四大神探

着陆器携带了地形地貌相机、降落相机、极紫外相机和月基光学望远镜四种科学探测仪器，其中极紫外相机和月基光学望远镜是在世界上首次使用。

地形地貌相机重620 g，拍摄距离为5 m到无穷远，拍摄速度为每秒10张，能摄像，用于获取着陆区的光学成像，绘制着陆区地形、地貌图，并时刻关注着月球车的运行状况。该相机只在第一个月昼工作，因为它不能动，如果第二个月昼再拍摄就是完全重复的。

◆ "嫦娥三号"着陆器用的地形地貌相机

降落相机用于在4 m～2 km对着陆区域黑白成像，从而分析着陆区月表地形地貌和地质情况。它仅在着陆过程中使用。它有几个功能：一是压缩能力；二是自动曝光调节，一秒内完成；三是体积小、功耗低等。

极紫外相机是世界上首次使用，它利用月球真空环境、自转速度慢等优势对地球周围等离子体层的整体变化进行长达一年的全方位观测。这有助于了解太阳和地球的相互关系，提高中国空间环境监测和预报能力。由于距离较近，人造地球卫星无法实时、整体掌握地球等离子体层的规律。通过极紫外相机，科研人员首次发现了地球等离子体层边界在磁层亚暴的影响下发生凸起，揭示了太阳活动对地球空间环境的影响；确认了地球等离子体层的尺度与地磁活动强度呈反相关关系，进而提出了等离子体层的空间结构受到地球磁场和电场约束及控制的最新观点。

◆ 极紫外相机

月基光学望远镜也是世界首次使用，用于对重要天体的光变进行长期连续监测，并对低银道带进行巡天观测。因为月球特殊的空间环境：高真空、无大气、低磁场、弱重力、地质构造稳定、宇宙射线丰富，没有电离层和磁层的干扰以及无各种人为活动和污染，所以这台高精度望远镜"看"得更远更清晰，进一步扩展了人类的眼界。

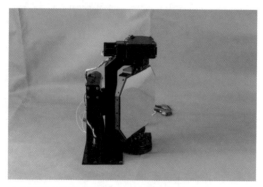

◆月基光学望远镜的反射镜和转台

　　利用月球高真空无大气影响和月球自转缓慢因而连续观测周期长的特点，月基光学望远镜获得大量数据。比如，得到一批重要的密近双星（凡一子星影响另一子星演化的物理双星都可称为密近双星）完整的紫外光变曲线，发现仙王座GK星是双星快速物质交流演化中的天体，对检验双星理论模型具有重要意义；获取了月球外逸层水含量的最新结果，水的含量比"哈勃望远镜"的探测结果低两个数量级，与理论预期值最为接近，修正了国外得出的月球上有大量水分子存在的结论。

　　2014年12月14日，"嫦娥三号"着陆器完成了一年的预定工作。截至2021年5月其上的部分科学探测仪器仍在工作，目前是世界上在月面工作时间最长的月球着陆器。

"嫦娥三号"携带的"玉兔号"月球车用于在月面巡视考察、收集和分析样品。其质量为140 kg，长1.5 m，宽1 m，高1.1 m，寿命为3个月（月球上的3天），由移动、结构与机构、导航控制、综合电子、电源、热控、测控数传和有效载荷等8个分系统组成。它以太阳能为能源，能够耐受月表真空、强辐射、–180 ℃～150 ℃极限温度等极端环境。

移动平台

"玉兔号"的移动分系统，采用6轮主副摇臂悬架的移动构形，由车轮、摇臂和差动机构等组成，可6轮独立驱动，4轮独立转向，相当于一台智能机器人。在月面巡视时采取自主导航和地面遥控的组合模式，具有自主测距、测速、前进、后退、转弯、避障、越障、爬坡、横向侧摆、原地转向、行进间转向、感知环境、规划路径、月面长时间生存的本领。它的高性能体现在越障能力和通过性，而不是追求高速度，而且它始终不会离开着陆器的"视野"。

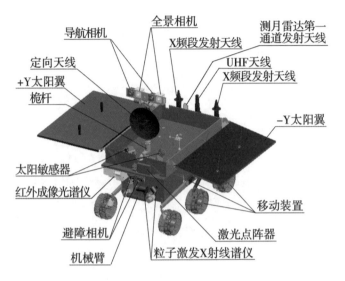

导航相机　　全景相机　　　测月雷达第一
　　　　　　　　　　　　　　　通道发射天线
定向天线　　　　X频段发射天线
　　　　　　　　　　　　UHF天线
+Y太阳翼　　　　　　　X频段发射天线
桅杆
　　　　　　　　　　　　　　　　　　-Y太阳翼

太阳敏感器
红外成像光谱仪
　　　　　　　　　　　　　　移动装置
避障相机　　　　　　激光点阵器
机械臂　　　粒子激发X射线谱仪

◆ "玉兔号"月球车结构图

　　"玉兔号"的结构与机构分系统由结构和太阳
电池翼机械部分、桅杆、机械臂构成，主要为各种仪
器、设备、有效载荷提供工作平台。

　　"玉兔号"的导航控制分系统携带有相机及大量
传感器，具备独立处理各种环境的能力，在得知周围
环境、自身姿态、位置等信息后，可以通过地面或车
内装置，确定速度、规划路径、紧急避障、控制运动
与监测安全，保证到达目的地。

　　"玉兔号"的综合电子分系统将中心计算机、
驱动模块、处理模块等集中一体化，采用实时操作系

统，实现遥测遥控、数据管理、导航控制、移动与机构的驱动控制等功能。

　　"玉兔号"的电源分系统由两个太阳电池翼、一组锂离子电池组、休眠唤醒模块、电源控制器组成，利用太阳能为月球车上仪器和设备提供电源，可保证"玉兔号"连续工作约14天（地球日）。

◆ "嫦娥三号"着陆器拍摄的"玉兔号"月球车

　　"玉兔号"的热控分系统由导热流体回路、隔热组件、散热面设计、电加热器、同位素热源等组成，可使月球车的舱内温度始终控制在−20～55 ℃之间。

　　"玉兔号"的测控数传分系统用于保证月球车与地球的通信以及与着陆探测器的通信。

　　"玉兔号"的有效载荷分系统包括全景相机、红外成像光谱仪、测月雷达、粒子激发X射线谱仪等，其中的测月雷达是在世界上首次使用。

火眼金睛

在脱离了着陆器之后，"玉兔号"月球车就开始月球巡视勘察。它携带了全景相机、测月雷达、红外成像光谱仪、粒子激发X射线谱仪四种科学探测仪器，其中的测月雷达是在世界上首次使用。

"玉兔号"装有2台全景相机，它们相距约20cm，可拍摄彩色立体图像，判断一些有色彩的光谱，包括国旗。相机装在桅杆上，可360°旋转和90°俯仰拍摄周边图像，随时了解前方有没有障碍等，做出正确的"决策"。其成像方式为彩色成像与全色成像切换，成像距离大于3m。其任务是对着陆区与巡视区进行月表光学成像，调查巡视区月表地形地貌，研究巡视区撞击坑和月球地质等。

在世界上首次应用的超宽带测月雷达安装在月球车底部，可用于巡视路线上直接探测30m内月壤结构和测量月面以下100~200m深处的浅层月壳结构，这是前人从未做到过的。它有2个探测通道，一个探测20m深的土壤层结构是否分层，怎么分，有没有大石头；另一个探测100m深月球上部的结构。它随月球车一边走一边测，这相当于一边走一边把地下切开，看看这个月球土壤有哪几层，土壤里有没有大石块或是其他结构。

"玉兔号"上的测月雷达采用"边走边探"

◆ "玉兔号"月球车用的全景相机

方式，获得着陆区月壳浅层330米深度内的剖面结构特性及地质演化图，这也是国际上首幅月球地质剖面图。通过测月雷达探测，"嫦娥三号"着陆区的月表面至少分为9层结构，这表明在那里曾发生多个地质学过程，月球地质史比此前认为的更加复杂。

◆测月雷达第一通道发射机

红外成像光谱仪包括可见近红外和短波红外2个谱段，能获取可见近红外到短波红外的高分辨率反射光谱及图像，用于巡视区月表红外光谱分析和成像探测任务，完成巡视区月表矿物组成和分布分析，以及巡视区能源和矿产资源的综合研究。在月球车行进过程中，这台光谱仪能沿着行走方向成像，并探测月球表面物质的成分。

◆红外成像光谱仪

粒子激发X射线谱仪安装在机械臂末端，通过机械臂投放到探测目标附近，用于巡视区月表物质主量元素含量的现场分析，识别、鉴定岩石全岩成分、月壤全岩成分和矿物成分，以及进行能源和矿产资源的综合研究。它主要是通过X射线来分析月球矿物质化学成分，当需要探测时候，就主动发出射线。

2014年1月23日，"玉兔号"与相距24 m的着陆器进行了首次通信。它们通过特高频通信链路传递信息，这是一种单向通信设备，即只能由"玉兔号"给着陆器发送信息，着陆器可以接收，然后转发给地球上的接收站，但接收站不能发信息给"玉兔号"。它使我国首次实现了地外天体表面的器间无线电通信。

"嫦娥三号"在月面开展了"测月、巡天、观地"的科学探测活动，获得了大量探测数据，取得了丰硕成果。例如，"玉兔号"发现了新的月球岩石品种，这有助于研究月球近期火山活动。通过研究月球车上所获的探测数据，在国际上首次揭示了月球雨海区的火山演化历史等。

◆根据"玉兔号"月球车的车轮痕迹、深浅可以推断土壤的密度、孔隙、摩擦系数等性质

　　2015年4月8日，探月工程地面应用系统数据发布系统正式对外提供"嫦娥三号"科学数据发布服务。2016年1月4日，国际天文学联合会正式批准了"嫦娥三号"着陆区4项月球地理实体命名，分别是"广寒宫""紫微""天市""太微"。至此，我国和其他国家申请并批准的以中国元素命名的月球地理实体达到了22个。

目前，"嫦娥三号"已处于"退役"状态，即长期管理阶段，着陆器部分科学载荷仍在工作，并再获新成果。通过分析"嫦娥三号"低频雷达浅层数据，相关科研人员推测出月球雨海北部年轻的爱拉托逊纪熔岩流具有多期性，并对一些构造演化提供了新的约束。该研究成果在2020年第3季度发表在国际期刊《地球物理研究快报》。同期，我国另一个研究团队的最新成果《月球雨海嫦娥三号着陆区晨昏线之上月尘的原位测量》在《地球物理研究快报》上发表。该成果可为后续月球探测任务中月尘防护和清除方案设计提供依据；同时，还为揭示一直存在巨大争议的月面"地平线"辉光增亮现象成因，提供了第一手数据。

第四章　采回月球样品

　　我国探月工程三期的任务是采样返回，即从月球取回约2000 g（实际为1731 g）月样，供科研使用。我国采样返回任务是通过发射"嫦娥五号T1""嫦娥五号"来实现的，它们已先后于2014年、2020年升空，现已圆满完成了目标任务。

4.1
一马当先

超速再入

2014年10月24日，我国在西昌卫星发射中心用"长征三号丙"运载火箭成功发射了"嫦娥五号T1"，把它准确送入近地点高度为209 km、远地点高度为$4.13×10^5$ km的地月转移轨道。该试验器的主要用途是突破和掌握探月航天器再入返回的关键技术，为"嫦娥五号"任务提供技术支持。

◆组装完毕的"嫦娥五号T1"

2014年11月1日，"嫦娥五号T1"在内蒙古四子王旗预定区域顺利着陆，它标志着我国探月工程三期首次再入返回飞行试验获得圆满成功。这是我国航天器第一次在绕月飞行后再入返回地球，使我国成为继苏联和美国之后，第三个成功回收绕月航天器的国家，从而表明我国已全面突破和掌握航天器以接近第二宇宙速度的高速再入返回关键技术，为确保"嫦娥五号"任务顺利实施和探月工程持续推进奠定了坚实基础。

为什么要研制和发射"嫦娥五号T1"呢？2013年12月，"嫦娥三号"任务圆满成功后，我国探月工程全面进入"绕、落、回"三步走发展规划的第三期，计划执行"嫦娥五号"任务，实现月球无人自动采样返回。为了突破和掌握月球探测器再入返回地球的关键技术，我国决定前期实施再入返回飞行试验，即发射"嫦娥五号T1"飞抵月球附近后自动返回，在到达地球大气层边缘时（距地面约120 km），以接近第二宇宙速度和半弹道跳跃式再入，最终在内蒙古中部地区以伞降形式着陆。

跳跃式再入是指航天器进入大气层后，依靠升力再次冲出大气层，以降低速度，然后再次进入大气层。本次试验任务以获取相关数据为主要目的，首次采用半弹道跳跃式再入返回技术，以便对未来"嫦娥五号"返回的相关关键技术进行试验验证。

与"神舟"飞船返回舱以大约7.9 km/s的第一宇

宙速度返回不同，未来"嫦娥五号"的返回器将以接近11.2 km/s的第二宇宙速度返回。考虑到我国内陆着陆场等各方面因素，为实现长航程、低过载的返回，"嫦娥五号"的返回器将采用半弹道跳跃式再入返回地球的技术。

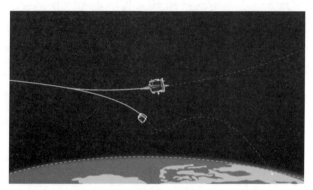

◆ "嫦娥五号T1"的返回器与服务舱分离后采用半弹道跳跃式再入返回示意图

降能减速

通过这种特殊的返回方式可以降能减速。半弹道式再入返回有利于控制，使落点精确；而通过跳跃式弹起然后再入，可以拉长返回器再入距离，达到减速的目的，确保飞行器返回顺利，但它对控制精度提出了极高要求。如果返回器"跳"得过高，飞行器会偏离落区；如果返回器"跳"不起来则可能会直接坠入大气层被烧毁。由于距地面60～90 km的高层大气比较多变，易受到白天黑夜、太阳风、地磁场等多种因素影响，大气变化差别很大，需要返回器的制导导航与控制系统具备很大包容性。

如果采用弹道式再入返回，返回器的再入角较大，从而导致高过载和高热流。这不仅会对返回器的结构强度和防热层提出更高的要求，而且超出了人类的过载承受能力，无法进行未来的载人登月。采用跳跃式再入不但能将过载减小，防止高热流，而且还可以改变再入的轨迹，延长再入路径，对于以接近第二宇宙速度进入大气层的航天器来说这种方法最为合适，可以减少发热和着陆点误差等。此外，如果主着陆场遭遇天气突变，需要临时调整着陆场，也能通过这种再入方式调整再入路径，让返回器落到备用着陆场。

不过，即便采用半弹道跳跃式飞行的特殊降落轨迹，返回器的"回家之路"仍有很多未知难题。以第二宇宙速度返回地球是未来"嫦娥五号"月面采样、月面上升、月球轨道交会对接、再入返回四大关键技术中最难的一项。因为其他三项可通过在地面上做模拟试验的方法来验证可靠性，而高速再入返回的过程无法通过地面模拟得到充分验证。从距地面约120 km高进入大气层时，这个高度的大气非常稀薄，不是连续的气流，而是分子气层，会产生一系列特殊的气体效应。此外，在大气层中超高速飞行会对返回器产生烧蚀，其程度也比以往要高得多。当时，我国通过单纯的地面实验积累而对地球大气特性的认识还不充分，对返回器高速返回条件下的气动、热防护、高速返回的制导导航与控制系统物理模型和数学模型掌握得不完全，所以风险很大。

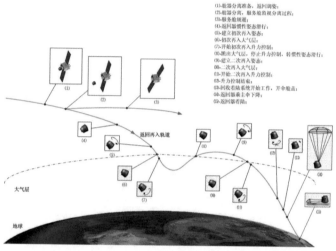

(1)~舱器分离准备，返回调姿；
(2)~舱器分离，服务舱监视分离过程；
(3)~服务舱避离；
(4)~返回器惯性姿态滑行；
(5)~建立初次再入姿态；
(6)~初次再入大气层；
(7)~开始初次再入升力控制；
(8)~跳出大气层，停止升力控制，转惯性姿态滑行；
(9)~建立二次再入姿态；
(10)~二次再入大气层；
(11)~开始二次再入升力控制；
(12)~升力控制结束；
(13)~回收着陆系统开始工作，开伞舱盖；
(14)~返回器乘主伞下降；
(15)~返回器着陆。

返回再入轨道

大气层

地球

◆ "嫦娥五号T1"返回再入段和回收着陆段示意图

另外，我国现有的载人飞船和返回式卫星的着陆模式都无法满足需求。由于返回器返回地球时速度会越来越快，所以不但进入大气层时的姿态需要精确调整，而且对再入角控制的精度要求也非常高。如果再入角偏小，返回器就无法落到原先指定的降落区；如果再入角偏大，返回器就会直接坠入大气层而"跳"不起来。

因此，针对探月工程三期月面自动采样返回任务中返回再入速度高、航程长、峰值热流密度高、总加热时间长和总加热量大等特点，为了确保"嫦娥五号"任务成功，我国先通过"嫦娥五号T1"进行真实飞行，开展返回再入飞行试验，验证跳跃式返回再入关键技术，获取月球探测高速再入返回地球的相关轨道设计、气动、热防护、制导导航与控制等关键技术数据，从而对此前的研究、分析、设计和制造等工作进行检验，为"嫦娥五号"执行无人月球取样返回积累经验，为探月工程三期正式任务奠定了基础。

这次任务技术新、难度大、风险高，需要攻克气动力、气动热、防热、半弹道式制导导航与控制系统等关键技术。其中，气动力和气动热是返回器的关键问题之一。研究表明，返回器再入的速度提高一倍，再入热量就将提高8～9倍，以第二宇宙速度再入大气层时，摩擦会产生巨大的热能，所以必须做好返回器的热防护设计。

4.2
器舱组合

新老搭档

　　此次试验任务由"嫦娥五号T1"、运载火箭、发射场、测控与回收四大系统组成。其中"嫦娥五号T1"由中国空间技术研究院研制，它包括结构、机构、热控、数管、供配电、测控数传、天线、工程参数测量、制导导航与控制、服务舱推进、回收等11个分系统。

　　"嫦娥五号T1"由服务舱和返回器两部分组成，总重量超过2000 kg，返回器安装在服务舱上部。其服务舱以"嫦娥二号"绕月探测器平台为基础，通过

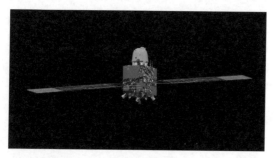

◆由服务舱（下）和返回器（上）组成的
"嫦娥五号T1"在轨飞行示意图

适应性改进设计，具备留轨开展科研试验功能；返回器为新研制产品，采用钟罩侧壁加球冠大底构型，重量约330 kg，具备返回着陆功能，与探月工程三期正式任务中返回器的状态基本保持一致。它有六方面的创新，即轨道设计和控制、新型的热控技术、气动、高精度的返回导航制导与控制、设备的轻小型化以及回收技术等。

在重量、体积大幅度减小的情况下，"嫦娥五号T1"性能不降反升，这是由于其广泛使用了大量高智能化、高集成度、小型化产品。比如，新开发的小型星敏感器就是一款"会思考、能自主决策"的高智能产品。该星敏感器依托嵌在产品中的小型智脑，能把提取的星图与智脑中存储的海量数据进行比对、分析，从而在茫茫的宇宙中，找准自己的位置，对"嫦娥五号T1"在太空的自由驰骋进行姿态控制。除了"智商"高之外，此星敏感器的"情商"也不低，它能自如地应对太阳光、星体反射光等恶劣空间环境的挑战，做出一系列快速应急响应，在精度控制上更是达到国际领先水平。

在8天的"地月之旅"中，绝大部分时间服务舱载着返回器前进。只有最后的约40分钟，返回器会脱离而再入返回地球。所以，服务舱一路上不仅要负责"开车"，还要给返回器进行供电、供暖、数据传输和通信保障等。舱器分离就是剪断连接舱器的一捆电线。四个爆炸螺栓炸开，服务舱要用力把返回器推到再入返回走廊，而自己要避让。

　　服务舱装有5台相机，用于对"嫦娥五号T1"的地月之旅进行拍照。相机采用新材料实现轻小型化，最重的约4.1 kg，最轻的只有200 g。它们有的是技术试验相机，有的是鱼眼镜头相机。这些相机也可拍摄视频，为便于传输，一段连续视频不超过30 s。其上的第二代CMOS（互补金属氧化物半导体）相机是把轻量化做到极致的一款产品。虽然每台相机只有巴掌大小，重量不及一个苹果，却集光、机、电、热等多项先进技术于一身，具有长寿命、高可靠、自动拍摄、实时图像压缩等特点，能应付恶劣太空辐射、温度环境，能承受发射时的强烈冲击和振动等。

◆服务舱进行太阳电池翼展开试验

　　"嫦娥五号T1"中的返回器虽然比"神舟"飞船

返回舱小许多，但是它"麻雀虽小五脏俱全"，法兰和焊缝的数量一点不比飞船返回舱少，因而难度要高出好几个量级。一般情况下，每颗卫星只进行一次整星热试验，而此次返回器的热试验总数有十余次。

返回器在返回大气层时，会受到气动作用，会产生各种各样的力和力矩。为了使返回器自身的气动特性保持稳定，气动专家做了很复杂的计算，进行了大量的风洞试验。最后根据实验数据，选择了钟鼎形作为返回器的外形设计。

返回器造型比较独特，是一个底面直径和高度都只有1.25 m的锥形体，小小的身躯在热试验中的加热分区就多达32个。它分区多，接口多，而且构型不规则，给红外加热笼的设计制造带来很大难度。加热笼与舱体之间的安全距离须精确把握，如果离得太远，加热笼通电后辐射温度难以满足高温要求，达不到预期试验效果；如果离得太近，舱体部分位置可能超出温度承受上限，容易造成表面损

◆研制完毕的返回器

伤。为此，返回器采取了三维设计与热分析仿真相结合的方式，用5片红外加热笼拼合包裹大底，5片红外加热笼拼合覆盖侧壁的方案，顺利完成了返回器红外加热笼的量身定做，确保了热试验有效进行。

返回器上首次应用了国产宇航级环路热管。目前，世界上拥有同类核心技术的国家只有美国、俄罗斯和法国。在返回器外部还包覆一层特殊材料，可以把摩擦产生的热量隔绝掉，不让它灌向舱内。

由于返回器降落时的速度非常快，不可能依靠地面遥控指挥，为此专门开发了半弹道跳跃式飞行的制导导航与控制系统技术，让返回器能自主控制，这是再入飞行的关键。返回器在降落过程中的微小变动都可能带来影响。例如，在第一次进入大气层时，返回器表面会因为高温烧蚀使其外形和重量发生改变，因此在第二次进入大气层时，返回器就必须考虑到这些因素进行自动调整。

制导导航与控制系统的任务是把返回器准确带回着陆场。制导是根据当前飞行情况找到一条路径，导航是准确知道位置，控制就是让飞行器走到这条路径上来。返回器"回家"的整个控制过程中最大的困难就是大气环境的不确定性。高空大气密度上下变化达80%，低空大气密度变化范围是20%~40%。进入大气层后制导导航与控制系统要实时对气动参数、大气密度进行辨识、仿真、计算。这些必须在极短的时间

◆返回器准备进行试验

内完成，对制导导航与控制系统提出了极高的要求。

　　返回器的防热设计也是这次试验的重要科目。为应对与大气层超高速摩擦带来的高温问题，专家们已开发了多项热防护技术。此外，返回器的特殊需求也为热防护技术带来难题。例如，在太空时，返回器内部的电子设备工作会产生大量废热，需要被及时排出；而再入大气层时正好相反，返回器外壁与空气摩擦产生的上千度高温需要隔绝。这些难题均已通过新型防热材料和结构克服了。

　　在这次任务实施中，月地返回、半弹道跳跃式高速再入返回、返回器气动外形设计、返回器防热设计、验证半弹道跳跃式再入制导导航与控制以及轻小型化回收着陆技术等六大技术难点是决定任务成败的关键。

这次飞行任务验证了探月工程三期的六项关键技术。一是验证了返回器气动外形设计技术。利用飞行试验获取的数据对返回器气动设计的正确性进行了验证，通过数据分析比对修正了返回器气动设计数据库。二是验证了返回器防热技术。通过飞行过程中防热结构温度变化历程对防热结构设计进行了评估，提

◆对返回器（上）和服务舱组合体进行试验

高了热分析的准确性，测量了返回器热蚀情况。三是验证了返回器半弹道跳跃式高速再入导航制导与控制系统技术。四是验证了月地返回及再入返回地面测控支持能力。针对返回器高动态、散布范围大、跟踪捕获难等特点，综合开展了总体设计、分析和试验。五是验证了返回器可靠着陆技术。利用返回器内侧、外侧、遥测和气象数据对返回器可靠着陆技术进行了验证。六是验证了返回器可靠回收技术。通过返回器搜索回收，验证了空地协同搜索回收工作方法，同时具备了地面独立搜索能力。

六个阶段

  "嫦娥五号T1"采用绕月自由返回轨道，在经过了发射段、地月转移段、月球近旁转向段、月地转移段、返回再入段和回收着陆段六个阶段，飞行大约8.4×10^5 km，时间长达8天4小时30分钟的过程后，其在内蒙古四子王旗着陆。在任务实施期间，我国"远望号"测量船队、国内外陆基测控站，以及北京飞行控制中心和西安卫星测控中心，共同组成航天测控通信网，为任务提供持续跟踪、测量与控制。这次任务的完成实现了四大技术突破：一是高速的气动力、气动热技术；二是高热量、大热流的热防护技术；三是高精度、高动态的制导导航控制技术；四是

◆ "嫦娥五号T1"飞行的六个阶段示意图

长距离、大范围的再入回收测控技术。

1. 发射段

发射段是指从运载火箭起飞开始到器箭分离为止的飞行阶段。2014年10月24日02：00，"嫦娥五号T1"在西昌卫星发射中心发射，通过运载火箭直接被送入绕月自由返回轨道入口点，进入地月转移轨道。

2. 地月转移段

地月转移段是指从器箭分离开始到月球约6×10^4 km范围的影响球边界为止的飞行阶段。"嫦娥五号T1"在途中进行了3次轨道修正，从而消除了火箭入轨时的偏差，达到了要求的轨道精度。2014年10月27日，"嫦娥五号T1"飞抵距月球6×10^4 km附近，进入月球引力影响球，结束地月转移轨道段的飞行，开始月球近旁转向段的飞行。

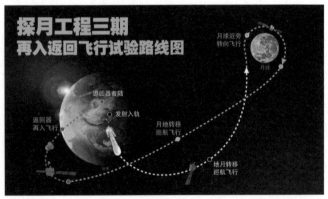

◆ "嫦娥五号T1"飞行路线图

3. 月球近旁转向段

月球近旁转向段是指从"嫦娥五号T1"进入月球引力影响球开始，到"嫦娥五号T1"飞出月球引力影响球为止的飞行阶段。"嫦娥五号T1"在该段借助月球引力改变自身相对地球的轨道倾角，环绕月球进行转向飞行。

2014年10月28日，"嫦娥五号T1"到达距月面约$1.2×10^4$ km的近月点，随后，在地面控制下，"嫦娥五号T1"启动多台相机对月球、地球进行多次拍摄，获取了清晰的地球、月球和地月合影图像。

拍摄地月合影的相机有3台，包括1台只有两个火柴盒大小的微型CMOS相机、1台巴掌大小的CMOS相机，以及1台足球般大小的双分辨率相机。这3台相机总重量不及1台"长枪"单反，但都是集光、机、电、热等多项先进技术于一身，特别是双分辨率相机，它可在同一时刻同一位置拍出两张不同分辨率的照片，即按下一次快门的同时得到一张全景照和一张特写照。

随后，"嫦娥五号T1"于当天完成月球近旁转向飞行，离开月球

◆ "嫦娥五号T1"拍摄的月地合影

引力影响球，进入月地转移轨道，飞向地球。

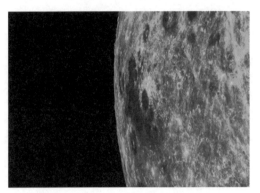

◆ "嫦娥五号T1"拍摄的月球照

4. 月地转移段

月地转移段是指"嫦娥五号T1"从飞出月球引力影响球开始到舱器分离（舱器分离点距离地面约5000 km）的飞行阶段。"嫦娥五号T1"在该段根据需要完成中途修正，同时完成返回器与服务舱分离的准备工作。

5. 返回再入段

返回再入段是指返回器从约5000 km处进行舱器分离到返回器弹射开伞的飞行阶段。2014年11月1日05：00许，北京航天飞行控制中心通过地面测控站向"嫦娥五号T1"注入导航参数。05：53时，"嫦娥五号T1"的服务舱与返回器在距地面高约5000 km处正常分离。在分离过程中，服务舱照明灯开启，服务舱的监视相机对分离过程进行了拍照监视。舱器分离后，服务舱发动机点火进行规避机动。返回器在该阶段首先滑行飞行，然后在06：13以再入姿态和接近第二宇宙速度进入大气层，实施初次气动减速。下降至预定高度后，返回器向上跃起，跳出大气层，到达跳出最高点后开始逐渐下降。接着，返回器再次进入大气层，实施二次气动减速。在降至距地面约10 km高度时，返回器降落伞顺利开伞，在预定区域顺利着陆。随后，担负搜索回收任务的搜索分队及时发现目标，迅速到达返回器着陆现场实施回收。

◆ "嫦娥五号T1"拍摄的地球照

6. 回收着陆段

回收着陆段是指返回器从弹射开伞开始到着陆，并被成功回收为止的飞行阶段。2014年11月1日06：42，返回器安全着陆。此后，科研人员对回收后的返回器及此次再入返回飞行试验获得的数据进行了深入研究，为优化完善"嫦娥五号"任务设计提供了技术支撑。而"嫦娥五号T1"的服务舱将继续在太空飞行，并开展一系列拓展试验。

这次任务实现了我国航天多个"首次"。首次让航天器从月球回到地球；首次成功采用半弹道跳跃式再入返回技术；首次突破了第二宇宙速度再入情况下的一些防热技术；首次验证了在大范围内的小目标搜索能力；首次采用"8"字形的绕月自由返回轨道，这种特殊设计巧妙地利用了地球和月球引力，使试验器飞抵月球附近后绕月半圈，借助月球引力自动改变轨道方向、轨道倾角向地球飞来，从而节省了中途修正所需的推进剂；首次应用了深空探测可视化系统。

首次再入返回飞行试验的圆满成功，为全面完成

◆ "嫦娥五号T1"成功在着陆区预定区域着陆后，工作人员对返回器进行现场检测

探月工程"绕、落、回"三步走战略目标打下了坚实基础，对我国月球及深空探测，乃至航天事业的持续发展具有重大意义。

4.3
变形金刚

我国探月工程三期的主任务就是通过"嫦娥五号"完成无人月球采样返回任务。这有利于进一步了解月球的状态、物质含量等重要信息，深化对月壤、月壳和月球形成演化的认识，突破一系列关键技术，并能为以后的载人登月和月球基地的选址提供有关数据。

"嫦娥五号"月球采样返回探测器于2011年5月立项，是我国迄今为止系统最复杂，技术难度最大的航天工程；任务中有许多环节对我国而言是首次实施，难度很大。其工程目标：一是突破窄窗口多轨道装订发射、月面自动采样与封装、月面起飞、月球轨道交会对接、月地转移、地球大气高速再入、多目标高精度测控、月球样品储存等关键技术，提升我国航天技术水平。二是实现首次地外天体自动采样返回，推进我国科学技术重大跨越。三是完善探月工程体系，为载人登月和深空探测奠定一定的人才、技术和物质基础。其科学目标：一是着陆区的现场调查和分析。开展着陆点区域形貌

◆ "嫦娥五号"实物图

探测和地质背景勘察，获取与月球样品相关的现场分析数据，建立现场探测数据与实验室分析数据之间的联系。二是月球样品的分析与研究。对月球样品进行系统、长期的实验室研究，分析月壤的结构、物理特性、物质组成，深化月球成因和演化历史的研究。

　　经过近10年的努力，我国于2020年11月24日用"长征五号遥五"运载火箭成功发射了8.2 t的"嫦娥五号"月球采样返回探测器，把它直接送入了地月转移轨道。之后，"嫦娥五号"在月球表面特定区域软着陆后进行了分析采样；然后通过上升、月地转移和

◆ "长征五号遥五" 运载火箭成功发射 "嫦娥五号" 月球采样返回探测器

返回等一系列过程，在升空23天后于2020年12月17日带着大约1731 g月球样品返回地球，使我国成为世界第三个在月球采样返回地球的国家。

"嫦娥五号" 由上升器、着陆器、返回器、轨道器四个部分像糖葫芦一样 "串" 在一起。从发射到返

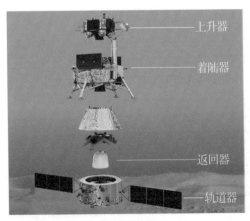

◆ "嫦娥五号" 组成示意图

回，它总共经历了23次重大的轨道控制和6次重大分离控制，以及动力下降、月面起飞、交会对接等很多风险比较高的项目，设计相当精妙复杂。

4.4
11 个阶段

从发射入轨到返回器再入回收，"嫦娥五号"共经历了以下11 个重大飞行阶段：

一是发射入轨阶段。"嫦娥五号"于2020年11月24日04：30由"长征五号遥五"运载火箭发射，进入地月转移轨道的飞行阶段，开启探月返回的旅程。

二是地月转移阶段。"嫦娥五号"完成器箭分离，并展开探测器上的太阳电池翼，进入地月转移轨道

◆ "嫦娥五号"奔月示意图

飞行大约112 h，2020年11月24日22：06和25日22：06，"嫦娥五号"先后利用探测器上轨道器的1台3000 N和2台150 N发动机工作2 s和6 s，进行了2次中途轨道修正。

三是近月制动阶段。2020年11月28日20：58和29日20：23，即"嫦娥五号"飞行约4天半后，两次启动轨道器上推力3000 N发动机进行制动减速，使"嫦娥五号"先进入近月点400 km椭圆环月轨道，然后变为200 km近圆形环月轨道。

四是环月飞行阶段。2020年11月30日04：40，"嫦娥五号"的轨道器-返回器（简称"轨道返回"）组合体和着陆器-上升器（简称"着陆上升"）组合体在环月轨道上两两分离。采用一体化复用设计的着陆上升组合体进行了两次降轨、变轨，进入近月点15 km、远月点200 km的着陆准备轨道进行环月飞行。其目的是等待着陆区月午时刻的到来，以便使着陆上升组合体着陆后获取充沛电能。在环月飞行间，着陆上升组合体上的高清相机拍摄了着陆区，利用微波高度计、激光高度计等获取了着陆区更为详细的地貌信息，为择机着陆做准备。轨道返回组合体继续在200 km高环月轨道飞行，等待与上升器的交会对接。

五是着陆下降阶段。2020年12月1日22：57，通过启动着陆上升组合体中着陆器上的高比冲、高精度、高可靠7500 N变推力发动机，使组合体从下降初始点开始动力下降，经主减速段、接近段、悬停段、避障段、缓速下降段和自由下落段等几个阶段，在合适的月面完成软着陆。整个着陆下降的过程约为14 min，探测器相对月球速度从约1.7 km/s降为零，于2020年12月1日23：11着陆在月球正面西经51.8°、北纬43.1°附近的预选着陆区。

◆图4-19　着陆上升组合体落月示意图

　　着陆器是在月球正面最大的月海风暴洋北部吕姆克山脉附近软着陆。风暴洋地体相对较年轻，富集铀、钍、钾等放射性元素，存在大量20亿～13亿年前的玄武岩，通过这些年轻玄武岩的同位素年龄，可推进对月球火山活动和演化历史的认识。

　　六是月面工作阶段。"嫦娥五号"着陆上升组合体在月面停留了2天，完成了设定任务。通过有效载荷完成月面科学探测；通过采样封装设备，在2020

◆着陆上升组合体在月面准备采样示意图

年12月2日22：00，即只用19个小时就完成了对月壤的钻取、表取以及封装。同时，着陆上升组合体与轨道返回组合体进行了下一个阶段的准备工作，为月球轨道交会对接和样品的转移做好了万全的准备。

着陆器上还携带了3个科学有效载荷：①一套相机系统，包括全景相机、激光测距测速敏感器、激光三维成像敏感器等，其中全景相机系统负责表取采样区域成像、表取采样过程监视和协作等科学和工程目标；②月壤结构探测仪，该探测仪是用于绘制地下表面图的穿地雷达；③月球矿物光谱分析仪，用于对月球表面着陆采样区进行光谱探测和矿物组成分布分析，测定着陆点处矿物组成并计算出月球土壤中被锁定的水分含量。

七是月面上升阶段。经过2天的月面工作后，携带月球样品的上升器在着陆器上起飞，这是我国空间飞行器第一次在地外天体起飞。2020年12月3日23：10，上升器上的3000 N发动机点火工作约6 min，在先后经历垂直上升、姿态调整和轨道射入三个阶段后，上升器进入相应的环月飞行轨道。

此次月面发射的窗口期很短，上升器和轨道返回组合体要精准考虑测控需求、光照需求以及姿态控制要求，以确保交会对接的顺利完成。起飞前，着陆上升组合体实现了月面国旗展开以及上升器、着陆器的解锁分离。国旗展示系统质量为1 kg，其中国旗大小如A4纸一样，质量为12 g，采用芳纶材料，可在正负150 ℃环境下不变色。

◆ "嫦娥五号"上升器从着陆器上起飞实景

八是交会对接与样品转移阶段。只依靠上升器是无法把月球样本送回地球的，因为它不可能在落到月球时就携带足够返回的燃料，所以只能进行短距离的飞行。上升器需要在200 km高月球轨道与轨道返回组合体对接，并把上升器内的月球样品转移到返回器。从上升器进入环月飞行轨道开始，2020年12月4日和5日通过远程导引，12月6日通过近程导引技术，12月6日05：42上升器与在200 km高飞行的轨道返回组合体完成交会对接，同日06：12，上升器中存放的月球样品通过轨道器转移到返回器中。

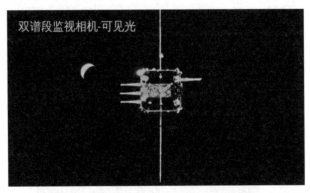

◆轨道返回组合体在逐渐接近上升器时拍摄的上升器图片

九是环月等待阶段。在完成对接与样品转移后，上升器就被抛离，轨道返回组合体进入为期6天的环月等待飞行，目的是进入能量最优月地转移轨道。2020年12月6日12：35，轨道返回组合体与上升器在月球轨道成功分离，并进入月地入射点。在环月等待段飞行过程中，轨道返回组合体进行了一次轨道维持，等待月地入射窗口的到来，全力以赴做好返回地球的准备。

十是月地转移阶段。2020年12月12日09：54，

"嫦娥五号"轨道返回组合体经历了约6天的环月等待，实施了第一次月地转移入射，从近圆形轨道变为近月点高度约为200 km的椭圆轨道。12月13日09：51，轨道返回组合体实施第二次月地转移入射，在距月面约230 km处成功实施四台150 N发动机点火，约22分钟后，发动机正常关机，轨道返回组合体成功进入月地转移轨道。12月14日11：13和12月16日09：15，轨道返回组合体上的两台25 N发动机先后工作28秒和8秒，顺利完成了二次月地转移轨道修正。

◆轨道返回组合体返回地球示意图

十一是再入回收阶段。2020年12月17日凌晨1时许，轨道返回组合体在距离地球5000 km高度时，轨道器协助返回器建立再入返回姿态，随后轨道器和返回器分离，返回器准备再入返回地球，轨道器按计划完成规避机动。返回器在经历惯性滑行、地球大气再入、回收着陆三个阶段后安全降落。

2020年12月17日01：33，"嫦娥五号"返回器先是在距地面高度约120 km处，以大约11 km/s的高速再入地球大气层，实施初次气动减速。在下降至距离地面约60 km时，通过半弹道跳跃式再入返回技术，返回器重新向上跃出大气层。返回器到达最高点后开始滑行下降，以第一宇宙速度再次进入大气层，实施二次气动减速。在降至距地面约10 km时，返回器打开降落伞，完成最后减速并保持姿态稳定，最后在12月17日01∶59，"嫦娥五号"的返回器在内蒙古四子王旗预定区域以直立状态成功平稳安全地着陆。

2020年12月19日上午，国家航天局在北京举行探月工程"嫦娥五号"任务月球样品交接仪式。"嫦娥五号"月球探测器系统抓总研制单位中国空间技术研究院，把采集的月球样品移交给"嫦娥五号"地面应用系统抓总研究单位国家天文台，这标志着"嫦娥五号"任务由工程实施阶段正式转入科学研究阶段，为我国首次地外天体样品储存、分析和研究工作拉开序幕。

◆从返回器中取出的月壤封装容器

经初步测量，"嫦娥五号"任务采集月球样品约1731 g。在样品安全运输至月球样品实验室后，地面应用系统的科研人员按计划进行月球样品的存储、制备和处理，启动科研工作。

4.5
五个"首次"

为了完成这次月球采样返回任务，"嫦娥五号"实现了我国开展航天活动以来五个"首次"。这五个"首次"既是亮点，也是难点。

首次在月面自动采样

在月面上采集样品时，着陆器上的采样装置要在月球低重力环境下具备钻孔、铲土和输送等能力。在月面取样完成后要封装，要求不能有任何污染。尽管在地球上，机械手能在模拟月球重力环境的试验条件下做得很好，但真实的月球重力环境与模拟环境也存在偏差。机械手在地球上做出的精确动作，在月球上能否重复完成，这是一个较大的挑战。由于准备充分，实际完成得很顺利，只用了19个小时就完成了预定2天的任务。

◆着陆器在月球表面自动采样实景

着陆器上有两种用于采样的机械手：一种是钻取器（岩心钻探机），用于在月面自动打钻取岩芯，在月球深层采样，取得月面一定深度下的样品。它可以钻取月面下2 m深度的月岩样本，要求钻取时不能破坏月壤原有的层次结构。另一种是电铲（机械取样

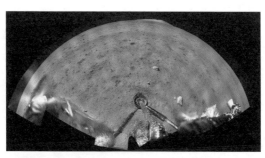

◆着陆上升组合体着陆后全景相机环拍成像

器），用于在月球表面铲取月壤。钻取和表取两种样品的比例约为1∶3，即钻取样品约0.5 kg，表取样品约1.5 kg。另外，配合采样器工作的还有一部依附于机械臂末端位置安装的近距摄像头，稍远处还有一部远距广角摄像头，可以拍摄整个采样过程。

首次从月面起飞

采集的样品封装到上升器后，上升器要从着陆器上起飞。这是我国空间飞行器第一次在地外天体起飞，难度很大。因为上升器起飞时喷射的火焰会碰到着陆器，从而可能产生干扰上升器的力。另外，月球表面环境复杂，着陆器不一定是四平八稳的状态，也无法像地球发射塔架那样配置火箭导流槽，所以要克服月面起飞轨道设计、月面起飞测控和发动机羽流导流等困难。经过一系列技术攻关，航天五院科研团队成功开展了各项试验验证，建立了一整套环环相扣的系统保证任务，护送"嫦娥五号"离开月球。

◆上升器从着陆器上起飞示意图

首次在 38 万千米外的月球轨道上进行无人交会对接

携带月球样品的上升器起飞后，要在月球轨道与轨道返回组合体进行无人交会对接，把采集的样品转移到返回器中，这在世界上是第一次。我国在地球轨道上有着比较成熟的航天器交会对接经验，多次采用"小追大"的模式，即小质量飞船追大质量"天宫"。但在月球轨道上进行交会对接要"大追小"，即用有较多燃料的大质量轨道返回组合体追小质量上升器，而且距离地球几十万千米，稍微控制不好就会偏离到太空中，或撞开上升器，因此对交会对接的精度要求极高。对接全步骤要在21 s内完成，1 s捕获、10 s校正、10 s锁紧。为此研制人员做了35项故障预案，从启动开始到交会对接，全部采用自动控制。

为了防止大质量的轨道返回组合体撞开小质量的上升器，"嫦娥五号"的月球轨道交会对接是采用停靠抓捕式交会对接方式，为此，我国研制了一种被称为抱爪式的空间轻小型弱撞击对接机构装在轨道器上，它具有重量轻、捕获可靠、结构简单、对接精度高等优点，通过增加连杆棘爪式转移机构，实现了对接与自动转移功能的一体化，这些设计理念都是世界首创。它与载人航天对接机构不同，从"太空之吻"变成了"月轨相拥"。

具体过程是：实施对接任务前，轨道返回组合体

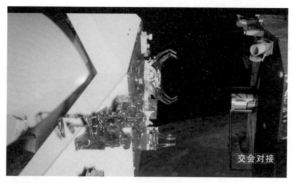

◆轨道器与上升器完成交会对接

首先要分离出返回器支撑舱。从月面起飞的上升器将进入近月点15 km、远月点180 km的目标轨道，随后经过几天的环月飞行完成上升器与轨道返回组合体之间的远程导引，进入自主近程交会段后在微波雷达导引下于3.5小时内实现轨道返回组合体与上升器的交会对接。

首次带着月壤以接近第二宇宙速度返回地球

最后，携带月球样品的返回器是以11 km/s的速度再入大气层，这与返回式卫星、宇宙飞船的返回舱以大约7.9 km/s的第一宇宙速度返回不同。由于返回器再入速度提高一倍，再入热量将提高8~9倍，与大气摩擦的烧蚀温度高达2760 ℃，如果直接再入返回很容易被烧毁。这对返回器的气动外形、防热材料以及控制都将是一个新挑战，此外还需要设计一条既安全又稳妥的返回路线。

　　为了减速耗能，返回器采用了创新制定的半弹道跳跃式再入返回技术方案，就像"打水漂"一样使其速度降低后再进入大气层坠向地面。返回器第一次再入大气后在距离地面接近60 km时，利用大底前端形成的弓形激波再度反弹回太空，然后二次再入大气层，此时返回器再入速度与"神舟"飞船返回舱一样。这样做主要是为了减速耗能。返回器在距离地面接近10 km高度时引导伞与主减速伞相继拉出，最终着陆于内蒙古四子王旗预定着陆场。

◆ "嫦娥五号"的返回器在预定着陆点着陆

　　首次自取月球样品进行存储、分析和研究

　　"嫦娥五号"随身携带各种"神器"，采集约

2 kg月壤进行密封封装并安全送回地球。科研人员将首次对中国自取月球样品进行存储、分析和研究。我国已对"嫦娥工程"地面应用系统在一期和二期工程基础上进行适应性改造，并新增月球样品存储实验室和异地容灾备份存储实验室，新建密云35 m数据接收天线，满足三期工程月球样品存储和数据接收、处理和解译的任务需求。

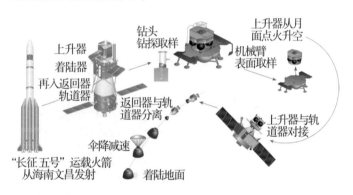

◆ "嫦娥五号"采样返回任务流程

除了把月球样品带回地球，"嫦娥五号"的工程目标之一是为载人登月和深空探测奠定一定的人才、技术和物质基础。这次采样返回任务对我国未来载人登月选址有一定帮助。另外，"嫦娥五号"采用月球轨道交会对接方案，这也为我国未来的载人登月奠定了基础。

第五章　四期别开生面

　　2019年1月14日，我国宣布了探月工程四期任务，把"嫦娥四号"作为探月工程四期首次任务，后续还将有三次任务。"嫦娥四号"已于2019年初在月球背面着陆开展工作。"嫦娥六号"计划在月球南极进行采样返回，到底是月背还是正面，要根据"嫦娥五号"的采样情况来确定。"嫦娥七号"计划在月球南极，对月球的地形地貌、物质成分、空间环境进行一次综合探测任务。"嫦娥八号"计划除了在月球北极继续进行科学探测试验以外，还要进行一些关键技术的月面试验，为月球科研基地的建立做前期探索。

5.1
月背奥秘

力排众议

　　"嫦娥四号"原本是"嫦娥三号"的备份，在"嫦娥三号"取得圆满成功后，对于"嫦娥四号"的任务，刚开始专家意见不一致，还为此论证了两年，分歧的核心是"嫦娥四号"应落在月球正面还是背面。刚开始，不少专家认为应该落在正面，因为落在背面无法直接测控通信。我国探月权威专家叶培健院士认为："嫦娥三号"

◆刚着陆时，"嫦娥四号"着陆器监视相机拍摄的着陆点南侧月球背面图像，此后，"玉兔二号"月球车将朝此方向驶向月球表面

已落到月球正面了，再去落一次有多大意思？若落到背面，成功了是一大亮点；若不成功也可以理解。搞科学探索不要害怕失败，每一步都要尝试创新。为此，有关专家又进行了深入论证，最后决定"嫦娥四号"在月球背面着陆。那么，在月球背面着陆探测有什么意义呢？

月球背面

由于月球背面比正面保留着更多的原始状态，因此探测月球背面对研究月球甚至地球的早期历史具有重要价值。月表分为月海和月陆两大地理单元。在月球正面分布有19个月海，背面有3个月海，月

◆月球背面有更多的陨石坑

海颜色较暗，主要由玄武岩构成。月陆主要分布在月球背面，颜色较亮，主要由斜长岩构成，其比月海更古老，撞击坑密度更大。对月球背面进行综合探测，能获得月球最古老月壳的物质组成、斜长岩高地的月壤厚度等重要成果。

另外，因为月球的自转与公转周期一样，所以我

们在地球上永远看不到月球背面，月球背面不会受到来自地球的各种无线电信号的干扰，这十分有利于监测地球附近无法分辨的宇宙低频射电信号。由于受到地球电离层的干扰，地球上难以开展频率低于10 MHz的射电天文观测，在地球轨道甚至月球正面开展的空间射电天文观测也会受到地球电离层反射和人工无线电的干扰。而月球背面屏蔽了人类活动产生的无线电干扰以及闪电、极光带来的无线电，因此被认为是开展低频射电天文观测的绝佳地点。

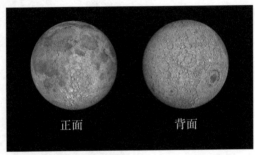

正面　　　　背面

◆月球正面与背面对比图，正面的月海平原颜色较深，地形比较平滑；而月球背面以月陆为主，地形崎岖，南部有一个巨大的撞击盆地

不过，正是由于在地球上永远看不到月球的背面，所以在月球背面着陆的探测器不能直接和地面站进行无线电通信。为此，我国在2018年5月21日首先发射了一颗名叫"鹊桥"的月球中继星，它于2018年6月14日进入地月拉格朗日2点（以下简称地月L2点）的晕轨道，这在世界是第一次。在这个轨道上，"鹊桥"能同时"看到"地球和月球背面，为在月球背面着陆的"嫦娥四号"与地面站之间提供通信链路，传输测控通信信号和科学数据。

链接：地月L2点晕轨道距月球6.5万～8万千米，形状为三维非规则曲线，周期14天，Z轴振幅高达1.3万千米。到达地月L2点有两种常用方案：一是直接转移，从地球直接经过地月转移轨道飞到地月L2点附近。二是月球绕掠，飞经月球时借助月球引力"拐个弯"再飞到地月L2点，该方法比较节省燃料，但飞行时间较长，"鹊桥"即采用这种方式。它飞到月球轨道耗时4天，从月球轨道到地月L2点附近耗时4天，从地月L2点附近到入晕轨道耗时16天。

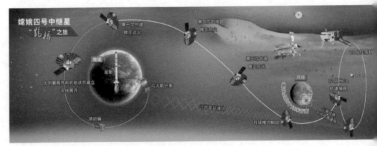

◆ "鹊桥"飞往地月L2点晕轨迹

　　"鹊桥"采用CAST100卫星平台研制，重量为448 kg，寿命大于3年（有望达到5年），是一个长方体加太阳能电池翼和天线的简单结构。它可由锂电池和太阳能电池翼供电，采用"星敏感器+光纤陀螺"定姿方式及整星零动量控制方式，从而实现对地、对月、对日的三轴稳定控制；采用单组元推进系统，配置了12台5 N发动机和4台20 N发动机，携带约100 kg无水肼推进剂，可提供超过500 m/s速度增量的轨道机动能力。

　　"鹊桥"采用了一些新技术，例如，装备了具有高智能化水平、全天候、全天时、全空域运行能力的光纤陀螺惯性测量单元，从而摆脱了之前航天器姿态敏感器需要借助地球、太阳等天体来定位的束缚，大大提升其轨道控制能力。在"鹊桥"1000 m/s高速在轨飞行过程中，其速度控制精度误差不大于0.02 m/s，这种超强的自主控制能力，使其轨道控制周期为7天左右，为"鹊桥"长期稳定运行奠定了基础。

另外，"鹊桥"采用了多安全备份遥测遥控指令设计，即"鹊桥"上备了多部"手机"，地面工作人员可同时给这些"手机"打电话，发出相同的遥测指令，这可有效规避因距离远或其他未知因素造成的信号中断、信息传送不准确等问题。它还采用了S频段数字化深空应答机。这是我国首台数字化深空应答机，具有对错误数据自我修正的功能，其灵敏度、信号捕获能力等性能更为强大。

◆组装完毕的"鹊桥"

　　"嫦娥四号"落月探测器体积较小，其配备的天线也不大，通信信号较弱。为此，"鹊桥"的通信分系统装有大型伞状高增益天线和螺旋状中增益天线，设置了多种不同码速率。它们具备自适应数字调节能力，从而能克服"嫦娥四号"信号微弱、不稳定等带来的信号捕捉困难的难题。

　　"鹊桥"的最大特征就是采用了4.2 m口径的高增益伞状抛物面天线（星载天线金属网），这是人类深空探测史上较大口径的通信天线。该天线采用整星零动量控制方式，可以实现对地、对月、对日和对惯性空间任意目标指向与跟踪的三轴稳定控制，为着陆器、巡视器与地面站之间的测控与数据传输提供了有力支撑。

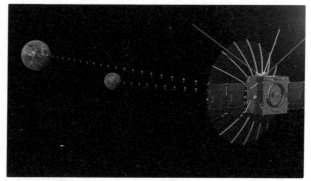

◆ "鹊桥"月球中继星工作示意图

　　"鹊桥"在地、月、星之间建立了三条链路——对月前向链路、对月反向链路和对地数传链路，这三条链路可以实现"鹊桥"与后续发射的"嫦娥四号"探测器的双向通信，以及"鹊桥"与地面的通信。面向"嫦娥四号"，大型伞状天线前向链路采用X频段统一载波体制，反向链路采用X频段BPSK（二进制相移键控）抑制载波体制。"鹊桥"对"嫦娥四号"着陆器的最高通信速率为560 kbit/s，对"嫦娥四号"巡视器的最高通信速率为280 kbit/s。面向地面站，"鹊桥"使用S频段螺旋状中增益天线，码速率最大为2000 kbit/s。在分时工作模式下，可改用伞状天线来实现X频段对地数据传输，码速率可达10 000 kbit/s。

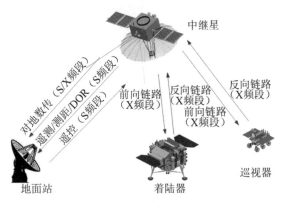

◆ "鹊桥"的通信链路

除了具有中继地月信号的功能外，在"鹊桥"中继星上还装载了荷兰的低频射电探测仪。它能与位于荷兰境内的低频天文阵列等地面天文观测设施联合，开展43万～46万千米基线的地月空间甚长基线干涉测量实验。它也可以与"嫦娥四号"着陆器上中方研制的低频射电频谱仪之间形成干涉测量，有望对来自宇宙黑暗时代和黎明时期的辐射进行探测，研究在宇宙大爆炸后的几千万年到一两亿年间，宇宙如何摆脱黑暗，点亮了第一颗恒星。

另外，"鹊桥"上携带了一个1.6 kg、170 mm大孔径激光角反射镜。它能配合地面0.5 m激光发射望远镜和1 m激光接收望远镜，进行精度优于15 mm的单程测

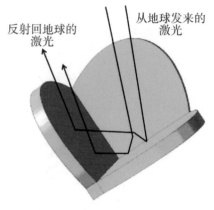

反射回地球的激光

从地球发来的激光

◆激光角反射镜工作原理图

距。这是人类历史上最远距离的纯反射式激光测距试验，距离达46万千米，可使人类激光测距的纪录再增加约8万千米。其原理是将高度同向性脉冲激光束射向放置在卫星表面的角反射镜，通过发送、接收时间差计算出星地距离。目前掌握这项技术的国家不多，因为在40万千米左右以外找到并瞄准小小的激光反射镜，难如大海捞针。

地面发送给"鹊桥"的指令是通过佳木斯"林海"深空测控站发送的，包括第一次中途修正指令和近月制动指令上注工作。"林海"是我国第一个深空测控站，天线口径有66 m，这也是亚洲口径最大、接收灵敏度最高、连续波发射功率最强和作用距离最远的天线，曾用于执行"嫦娥三号"等任务。

5.3
世界第一

2018年12月8日02：23，我国用"长征三号乙"运载火箭成功发射了"嫦娥四号"落月探测器，直接将"嫦娥四号"送入近地点200千米、远地点约42万千米的地月转移轨道。它飞行了26天后，于2019年1月3日10：26成功着陆于月球背面东经177.6°、南纬45.5°附近的预选着陆区——月球南极艾肯盆地内的冯·卡门撞击坑，并通过"鹊桥"中继星传回了世界第一张近距离拍摄的月背影像图，成为世界第一个在月球背面软着陆和巡视探测的航天器，并首次实现月背与地球的中继通信。2019年1月11日08：00，"嫦娥四号"着陆器上的地形地貌相机完成了环拍。1月11日16：47，"嫦娥四号"着陆器与"玉兔二号"巡视器工作正常，在"鹊桥"中继星支持下顺利完成互拍，这标志着"嫦娥四号"的任务圆满完成，探月工程进入科学探测阶段。至此，我国探月工程取得"五战五捷，连战连捷"。

落点价值

遵循"工程技术上可行，科学上有特色"的原则，"嫦娥四号"的着陆区选在月球背面南极艾肯盆地内的冯·卡门撞击坑内，是因为该撞击坑具有较高的科学探测价值，且地势较为平坦，可以同时满足科学和工程要求。对该撞击坑的着陆和探测，能够揭示月球形成和演化的一些关键问题，在月球科学研究中具有划时代的意义。"嫦娥四号"将分析该地区的地表特征和地下构造，为了解月球、地球、太阳系演化提供第一手线索。

月球背面的南极艾肯盆地是太阳系内已知最大、最深的盆地，也是个古老的区域，保存了原始月壳的岩石，其90%以上分布在月球背面。其直径为2500 km，最深处约为13 km，从坑底最深处到最高壁顶处落差大约为16 km。盆地含有许多月球初始的信息，保存着太阳系形成之初的宝贵信息。对其进行勘测有助于解答与月球有关的一系列重要疑问，有助于研究月球45亿年的漫长历史，有助于更好地理解组成月球的岩层，包括内部结构、成分和热演

◆月球背面着陆地点，大红圈为南极艾肯盆地，小红圈为冯·卡门撞击坑

化，为了解月球、地球、太阳系演化提供了第一手线索，有可能揭开"39亿年撞击峰值"的科学之谜。

人类从未勘探过的冯·卡门撞击坑位于南极艾肯盆地中部，直径约186 km，中心坐标为南纬44.8°，东经175.9°，具有月球最古老的撞击特征，坐落于艾肯盆地西北部，地势比较平坦，盆地内的月壳厚度较薄，主要岩石类型为低钛玄武岩。这个陨坑遍布次级撞击坑，喷射物覆盖陨坑内的绝大多数月海玄武岩。对其进行科学探测与研究，有望获得月球最古老月壳的物质组成、斜长岩高地的月壤厚度等重要成果，以及对月球早期演化历史的新认知。另外，南极艾肯盆地的纬度和"嫦娥三号"在月球正面落月的纬度基本相同，因此在这里着陆，即能确保探测器获得足够的能源，又能避免月昼带来的高温影响。

冯·卡门撞击坑的特点：地势比较平坦，适合探测器着落，即所谓的坑大峰小；年龄古老，距今40亿年以上，后期可挖掘出月球雨海纪玄武岩样本；坑在形成之前已经存在一个更大的撞击坑，其表层或者浅表月壤中很可能存在早期撞击暴露出的深层月幔物质，坑底有复杂的岩浆活动。许多证据显示雨海纪时冯·卡门坑存在重复撞击、月壳多次熔融，之后形成了今天我们看到的玄武岩层。综合多个因素，登陆冯·卡门坑的科学意义重大，未来获得的发现成果也值得期待。

飞行过程

"嫦娥四号"的整个飞行过程包括发射入轨段、地月转移段、近月制动段、环月飞行段、环月降轨段、动力下降段，最终着陆到月面。其间，着陆器和巡视器组合体通过"鹊桥"中继星与地面建立上下行通信链路。着陆成功后，着陆器择机完成巡视器释放。之后，着陆器、巡视器分别开展科学探测，并通过"鹊桥"将数据传回地球。

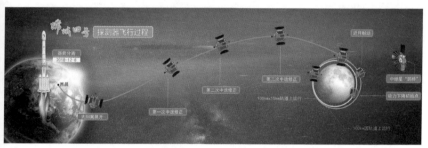

◆ "嫦娥四号"飞行过程

"嫦娥四号"落月探测器升空后，由于准时发射、准确入轨，原计划在近月制动前实施的三次轨道中途修正，但2018年12月9日进行了一次就达到了预期目标。经过约110小时奔月飞行，2018年12月12日16：39，"嫦娥四号"在距月面129 km处成功实施了7500 N发动机点火，约5分钟后发动机正常关机，顺利完成"太空刹车"，"嫦娥四号"被月球捕获，顺利进入近月点100 km的环月轨道，近月制动

160

获得圆满成功。

◆ "嫦娥四号"着陆的月球背面

在环月轨道运行期间，工程人员先调整"嫦娥四号"落月探测器的环月轨道高度和倾角，再开展与"鹊桥"中继星的中继链路在轨测试和导航敏感器在轨测试。"嫦娥四号"之所以迟迟不着陆，是为了等待时机，使其最终能在白天实施月球背面软着陆，从而充分获取太阳能以便开展工作。另一方面，由于降落地点处于南极附近，其需要逐渐调整轨道倾角才能经过这里，比较耗时。同时，也要等待太阳光照在月球的角度达到理想的状态，这样所有的地貌都会有比较清晰的阴影，能最大限度辅助光学设备选择并定位着陆地点。

2018年12月30日08：55，"嫦娥四号"再次实施了"太空刹车"，在距月面平均高度约100 km的环月轨道成功变轨，降轨进入近月点高度约15 km、远月点高度约100 km的椭圆形环月轨道。这是预定的在月球背面着陆的准备轨道，为择机动力下降着陆做准备。

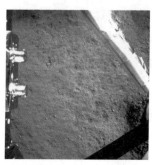
◆"嫦娥四号"探测器在月背软着陆后，降落相机拍摄的图像

"嫦娥四号"整个动力下降过程分为6个阶段：主减速段、快速调整段、接近段、悬停段、避障段和缓速下降段。2019年1月3日10:15，"嫦娥四号"在距离月面15 km处开始实施动力下降，7500 N变推力发动机开机，逐步将探测器的速度从相对月球1.7 km/s降到零。

在距月面约6～8 km处，探测器开始进行快速姿态调整，不断接近月球；在距月面100 m处开始悬停，对障碍物和坡度进行识别，并自主避障；选定相对平坦的区域后，开始缓速垂直下降。约690 s后，"嫦娥四号"自主着陆在月球背面南极艾肯盆地内的冯·卡门撞击坑内。落月过程中，降落相机拍摄了多张着陆区域影像图。

"嫦娥四号"探测器落月后，在地面人员控制下，通过"鹊桥"中继星的中继通信链路进行了太阳电池翼和定向天线展开和推出剂钝化等一系列月面初始化工作，建立了定向天线高码速率链路。当日11：40，着陆器上的监视相机获取了世界第一张近距离拍摄的月背影像图并传回地面。

◆两器分离前，"嫦娥四号"着陆器拍摄的"玉兔二号"的筛网轮

接着，按计划开展了着陆器与巡视器分离各项准备工作，对"鹊桥"中继星状态、着陆点环境参数、设备状态、太阳入射角度等两器分离的实施条件进行了最终检查确认。1月3日15：07，北京航天飞行控制中心通过"鹊桥"中继星向"嫦娥四号"探测器发送指令，两器分离开始。"嫦娥四号"着陆器矗立月面，太阳电池翼呈展开状态。巡视器立于着陆器顶部，展开太阳电池翼，伸出桅杆。随后，"嫦娥四号"着陆器与"玉兔二号"月球车顺利分离，巡视器开始向转移机构缓慢移动。转移机构正常解锁，在着陆器与月面之间搭起一架斜梯，巡视器沿着斜梯缓缓走向月面。

1月3日22：22，"玉兔二号"驶抵月球表面。着陆器上监视相机拍摄下"玉兔二号"在月背留下的第一道痕迹，并通过"鹊桥"中继星顺利传回地面。1月11日8：00，着陆器上的地形地貌相机完成了环拍。1月11日16：47，"嫦娥四号"着陆器与"玉兔二号"巡视器顺利完成互拍。

◆两器分离后，"月兔二号"在月背留下了人类探测器第一行"脚印"

目标新颖

"嫦娥四号"任务的工程目标主要有两个：一是研制、发射月球中继通信卫星，实现国际首次地月L2点的测控及中继通信；二是研制、发射月球着陆器和巡视器，实现国际首次月球背面软着陆和巡视探测。

其科学目标主要有三个：一是开展月球背面低频射电天文观测与研究；二是开展月球背面巡视区形貌、矿物组分及月表浅层结构探测与研究；三是试验性开展月球背面中子辐射剂量、中性原子等月球环境探测研究。

在人类历史上首次利用月球背面洁净的电磁环境进行月基低频射电天文观测是"嫦娥四号"探测任务的最大亮点。由于受到地球电离层和人工无线电的干扰，在地面、地球轨道甚至月球正面都难以开展频率低于10 MHz的射电天文观测。月球背面被认为是开展低频射电天文观测的绝佳地点，它屏蔽了地球的无线电干扰、闪电和极光无线电发射，月夜期间还会屏蔽强烈的太阳射电辐射。利用月球背面独特的无线电环境，"嫦娥四号"能开展的观测与研究包括太阳低频射电和月表射电环境探测。

◆ "嫦娥四号"着陆器地形地貌相机环拍全景图（圆柱投影）

因此，"嫦娥四号"着陆器和"鹊桥"中继星上分别新增配置了国内新研制的低频射电频谱仪及荷兰的低频射电探测仪，用于开展频率范围在10 MHz附近的低频射电天文观测，填补人类在0.1～40 MHz射电天文观测的空白，有望在太阳风激波、日冕物质抛射和高能电子束的产生机理等方面取得原创性的成果。

5.4
技高一筹

　　作为"嫦娥三号"的备份探测器，"嫦娥四号"仍由着陆器和巡视器（即"玉兔二号"月球车）组成，但是因为科学目标不同，因此两者所装载的科学载荷有明显变化，"嫦娥四号"更换了部分科学载荷，其中最主要的特点是装载了国际科学载荷。

国际载荷

　　"嫦娥四号"着陆器上装载了德国的月表中子与辐射剂量探测仪。它能测量能量中性粒子辐射和着陆器附近月壤中的相关物质含量，即测量月表包括带电粒子、γ射线和中子的综合粒子辐射剂量，以及月表快中子能谱和热中子通量，探测着陆区的辐射剂量，分析月球的辐射环境，为未来的载人登月航天员的危险度进行前期评估，提供相应辐射防护的依据。

　　在"玉兔二号"月球车上装载了瑞典的中性原子探测仪，能探测巡视探测点0.01～10 keV能量范围内的能量中性原子及正离子，这是国际首次在月表开展

能量中性原子探测。它对于研究太阳风与月表相互作用机制、月表逃逸层的形成和维持机制等关键科学问题有着重要的意义。这

◆瑞典的中性原子探测仪

是人类探月史上首次在月表开展该项探测活动。

低频探测

　　"嫦娥四号"着陆器重3780 kg，设计寿命为6个月。其有效载荷与"嫦娥三号"着陆器上的类似，仍装有降落相机、地形地貌相机，增加了国内新研发

◆　"玉兔二号"巡视器全景相机拍摄的"嫦娥四号"着陆器

167

的低频射电频谱仪，以及德国的月表中子与辐射剂量探测仪，去掉了"嫦娥三号"的月基光学望远镜、极紫外相机。"嫦娥四号"着陆器上装有3根5 m长的低频射电频谱仪天线，这是其与"嫦娥三号"着陆器外形上最显著的区别。

低频射电频谱仪将利用月球背面没有地球电磁波干扰、天然洁净的环境，探测0.1～40 MHz范围内的太阳低频射电特征和月表射电环境。另外，还会与"鹊桥"中继星上携带的荷兰低频射电探测仪（用于探测来自太阳系内天体和银河系的0.1～80 MHz低频射电辐射，为未来太阳系外的行星射电探测提供重要的参考依据）协同观测，互为验证和补充。它们主要用于研究太阳爆发、着陆区上空的月球空间环境，还可以对来自太阳系行星的低频射电场进行观测，并"聆听"来自宇宙更深处的"声音"。

降落相机用于着陆器在2 km至4 m降落过程中动态拍摄着陆区域的光学图像，从而分析着陆区月表地形地貌和地质情况。它仅在着陆过程中使用。

地形地貌相机用于获取着陆区月表的光学成像，绘制着陆区地形、地貌图，并时刻监视着月球车的运行状况。

"嫦娥四号"着陆器上还有一个科普载荷——月面微型生态圈，这是我国首次尝试研究动植物在月球

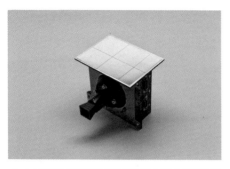

◆中科院光电所研制的地形地貌相机既肩负着获取月球背面南极艾肯盆地着陆区地形地貌高清彩色图像的科学任务，又承担了监视"玉兔二号"月背巡视移动的工程任务

低重力环境下的生长状况，用于天体生物学实验和大众科普。

截至2020年5月29日，"嫦娥四号"着陆器在第18月昼期间工况正常，有效载荷月球中子及辐射剂量探测仪、低频射电谱仪按计划开展有效探测工作，地面接收科学探测数据正常。

"玉兔二号"

"玉兔二号"月球车高1.5 m，重135 kg，设计寿命为3个月，可以通过20°斜坡，跨越20 cm的障碍。其装有全景相机、测月雷达、红外成像光谱仪，还新增加了瑞典的中性原子探测仪，去掉了"嫦娥三号"的粒子激发X射线谱仪。因此，"玉兔二号"月球车也就不需要机器臂了，从而比"玉兔号"月球车轻了2 kg，是世界探月史上质量最轻的月球车。

◆ "嫦娥四号"着陆器地形地貌相机拍摄的"玉兔二号"巡视器

"玉兔二号"上搭载的全景相机可拍摄彩色立体图像，获取巡视区的月表图像。该相机装在桅杆上，可360°旋转和90°俯仰拍摄周边图像，随时了解前方有没有障碍物，从而做出所需的"决策"。其成像方式为彩色成像与全色成像两种。

测月雷达装在月球车底部，在巡视过程中可直接探测月表下的月壤厚度和月壳浅层

◆ "玉兔二号"上的全景相机可实现毫米量级的空间分辨率

结构。该测月雷达设置了两个不同频段，借助其探测出的数据，研究人员可以绘制出第一幅月球背面剖面图。测月雷达设计探测深度为月球地下50 m左右，而实际深度有望到达200 m，有助于月球背面的地质研究。

红外成像光谱仪能探测从可见近红外到短波红外的高分辨率反射光谱及图像，用于获取巡视探测点的月表光谱数据和几何图像数据，调查巡视区月表矿物组成和分布，开展巡视区能源和矿产资源的综合研究。

"玉兔二号"月球车已实施了岩石探测、车辙探测、撞击坑探测等科学探测试验。例如，利用测月雷达就位探测数据，首次揭示了月球背面着陆区域地下40 m深度内的地质分层结构，阐述了其物质组分与演化机制；利用红外成像光谱仪的就位光谱探测数据，成功揭示了月球背面的物质组成，验证了月幔富含橄榄石，加深了人类对月球形成与演化的认识；利用中性原子探测仪对月表环境能量中性原子的探测数据，得到了能量中性粒子在月球表面通量能谱，证实了能量中性粒子的能量与入射太阳风的速度有很强的相关性。

"嫦娥四号"着陆器和"玉兔二号"月球车分别于2021年4月6日21:43和03:54结束月夜休眠，进入第29月昼工作。至此，"嫦娥四号"已在月球背面工作825个地球日，累积行驶里程682.8 m。它现已取得以下四项阶段性科学成就：

一是月球背面巡视区形貌和矿物组成研究。首次通过原位探测直接得到月球深部物质组成，揭示月球背面，特别是南极艾肯盆地复杂的撞击历史，对月壤的形成与演化模型提供关键证据，为日后南极着陆和巡视探测选址等提供重要参考。

二是月球背面巡视区月表浅层结构研究。研究建立了"嫦娥四号"着陆区地层剖面及多期次溅射物覆盖关系。首次揭开月球背面地下结构的神秘面纱，极大地提高我们对月球撞击和火山活动历史的了解，为月球背面地质演化研究带来新的启示。

三是月面中子及辐射剂量、中性原子研究。证实初级银河宇宙射线撞击月球表面，产生反照质子（最早在美国环月轨道器上被发现，此次在月表得到了实地验证）。这些成果为开展太阳风与月表微观相互作用研究提供重要支撑，促进对月表辐射风险的认知，为未来月球航天员所受月表辐射危害估算及辐射防护设计提供重要参考。

四是月基低频射电天文观测与研究。利用"嫦娥四号"着陆器平台的低频射电频谱仪，在月球背面首次成功开展低频射电天文观测，获得大量有效观测数据。初步获取40 MHz频率以下的月背着陆区电磁环境本底频谱和低频射电三分量时变波形数据，对于研究太阳低频射电特征和月表低频射电环境具有重要科学意义。

性能大增

"嫦娥四号"的着陆方式与工作状态和"嫦娥三号"也有很大区别，性能上有很大提升，这是因为"嫦娥三号"着陆区地形起伏仅800 m，相当于在华北平原着陆，而"嫦娥四号"着陆区地形起伏达到6000 m，相当于在崇山峻岭的云贵川地区着陆。

月球正面有较为宽阔的平原，虽然也有许多陨石坑，但即使是坑底也相对平整，所以"嫦娥三号"是以弧形轨迹缓慢着陆。月球背面地形比正面更加复杂，着陆区相当于"嫦娥三号"着陆区的1/8，陨石坑更多，地势更陡峭，山峰林立，大坑套小坑，很难找到大一些、平坦一些的地方供"嫦娥四号"安身。由于"嫦娥四号"要在凸凹不平的地方软着陆，所以需要更高着陆精度。"嫦娥四号"着落区分布有海拔为10 km的山，也有海拔为-6 km的凹地。为了不撞到峭壁，"嫦娥四号"须具备良好的自主导航和避障功能，以便自主寻找地势相对平坦的地区着陆，并只能采取近乎垂直的着陆方式，整个着陆时间短，航程短，风险高。

着陆区变化对任务的影响主要有：动力下降航迹

的高程差变大，制导导航与控制（GNC）需优化动力下降策略；着陆区范围缩小，探测器应具备高精度着陆控制策略；可能存在地形对通信和光照的遮挡，探测器需具备更强的自主功能。另外，"嫦娥四号"与地面交流需要通过"鹊桥"中继星中转，其间会产生约60 s的延时，这对于瞬息万变的降落过程显然太久，因此落月全程需要由探测器自主完成。

"嫦娥三号"在长月夜−180 ℃的环境中是不能工作的，而"嫦娥四号"将采取新的能源供给方式——同位素温差发电与热电综合利用技术，以保证其度过寒冷漫长的月夜及正常开展探测工作，在国内首次实测月夜期间浅层月壤的温度。

链接：有一个现象比较有意思，即每次月昼来临时，"玉兔二号"月球车要比"嫦娥四号"着陆器早醒一天。这是因为月夜休眠后唤醒的时间是由器内设备温度决定的。唤醒时要保证舱内升高到一定的温度，如果太低的话会导致设备开机工作不正常。"玉兔二号"由于体积较小等因素，度过月夜时其温度就比着陆器月夜温度要高，太阳出来以后，"玉兔二号"比着陆器先达到工作温度，比着陆器唤醒时间早了一天左右。

"玉兔二号"月球车虽与"玉兔号"月球车外形一样，但是因为要首次在月球背面软着陆和巡视，所以针对月球背面复杂的地形条件、新的中继通信需

◆地面调试"玉兔二号"。其移动分系统采用了主副摇臂差动式悬架、六轮独立驱动、四轮独立转向的构型方案

求、极大的温差和科学目标的实际需要等因素，工程人员对"玉兔二号"月球车进行了适应性更改和有效载荷配置调整，在运动安全、能源供给、科学探测和测控通信等方面均做了特殊的设计。尤其在线路方面

◆ "玉兔二号"的车辙

进行了设计改进和试验验证，使它更加强大，既不怕极热极冷的"广寒宫"，又能完成更多新任务。

此外，"玉兔二号"月球车吸收了"玉兔号"的经验。针对"玉兔号"在执行任务过程中遇到的一些问题，有针对性地进行了电缆设计与材料应用等技术的改进和试验。"玉兔二号"月球车仅在电缆钩挂、摩擦方面就做了上千次试验，同时也尽量减少电缆裸露在外的面积，减少电缆的故障风险。

总之，为了实现"嫦娥四号"的工程目标，我国突破了四项关键技术：一是复杂地形环境条件下的安全着陆；二是地月L2点晕轨道设计与控制；三是地月L2点远距离中继通信；四是同位素温差发电与热电综合利用。

2020年6月，"嫦娥四号"任务团队首获国际宇航联合会2020年度最高奖——"世界航天奖"。这也是该国际组织成立70年来首次把这一奖项授予中国航天科学家。此前，"嫦娥四号"任务团队曾获英国皇家航空学会成立153年来首次颁发给中国项目的2019年度唯一团队金奖；并被美国航天基金会授予2020年度航天唯一金奖；被国际月球村协会授予自成立以来的首个优秀探月任务奖。

5.5
未来展望

"嫦娥四号"任务的"两器一星"上共配置了6台国内研制的科学载荷和3台国际科学载荷。它们主要开展以低频射电天文观测、巡视区形貌、矿物组成及浅层结构为主的科学探测。

三大壮举

"嫦娥四号"在月球背面的着陆点附近开展了低频射电天文观测和月表形貌、矿物组成、化学成分、浅层结构、中子及辐射剂量和能量中性原子探测,有望填补0.1~40 MHz频段射电天文观测的空白,取得对月球早期演化历史的新认识;继续更深层次、更加全面地科学探测月球地质、资源等方面的信息,完善月球的档案资料;有望取得行星际激波、日冕物质抛射和空间传播机理等方面的原创性成果。

该任务特点鲜明,预期成果显著,将是一次低成本、短周期、大开放、高效益的示范性空间探测任务,目前已经或未来有望实现三大壮举:首次实现人类探测器造访月球背面；首次实现人类航天器在地月L2点对地月中继通信；首次在月球背面开展月球科学探测和低频射电天文观测，填补了世界月球科学探测领域多项空白。该任务有望继续获得一批重大的原创性科学研究成果，例如利用月球背面保存的最古老月壳岩石的独特条件开展地质特征调查，有望在国际上首次建立集地形地貌、浅层结构、物质成分于一体的综合地质剖面和演化模型，获得对月球早期演化历史的新认知。

2019年5月16日，国际科学期刊《自然》（*Nature*）在线发布我国月球探测领域的一项重大发现。中国科学院国家天文台李春来研究员领导的研究团队利用"玉兔二号"携带的可见光和近红外光谱仪的探测数据，发现并证明了"嫦娥四号"落区的物质成分明显有别于月球正面的月海玄武岩，月壤中存在以橄榄石和低钙辉石为主的月球深部镁铁质物质，这种矿物组合很可能源于月幔，为冯·卡门撞击坑东北部芬森撞击坑的溅射物，这为解答长期困扰科学家的月幔详细物质构成问题提供了直接证据，帮助人类进一步认识月球的形成与演化。

在此前的2019年2月15日，国家航天局、中国科学院和国际天文学联合会向全世界发布"嫦娥四号"着陆区域月球地理实体命名。"嫦娥四号"着陆点命名为"天河基地"；着陆点周围呈三角形排列的三个环形坑，分别命名为"织女""河鼓"和"天津"；着陆点所在冯·卡门坑内的中央峰命名为"泰山"。月球地理实体命名能很好地体现国家的科技实力，目前，月球上已有

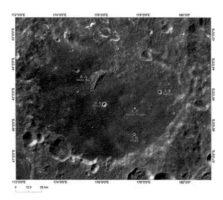

◆ "嫦娥四号"着陆区地理实体命名影像图

27个以中国地理实体命名的地名。

比较分析

总的来说，全球月球探测分探月、登月和驻月三大步。目前，美国已走完前两步，将迈出第三步。俄罗斯走完了第一步，将迈出第二步。在美俄组成的世界探月第一集团中，美国是"领头羊"。

欧洲、日本、中

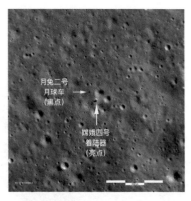

◆美国月球勘测轨道器拍摄到着陆在月球背面的"嫦娥四号"着陆器和"玉兔二号"月球车

国和印度都以探月为主攻方向，并按"绕、落、回"三小步分步实施，逐渐积累经验。目前，欧日中印均完成了绕月探测，其中中国还于2013年率先发射"嫦娥三号"落月探测器，2014年发射了"嫦娥五号T1"，2018年又发射"嫦娥四号"落月探测器，2020年则发射了"嫦娥五号"采样返回探测器。在欧、日、中、印组成的世界探月第二集团中，中国目前处在领先位置。

深空之梦

2020年7月23日，我国成功发射了首个火星探测器"天问一号"。这是我国行星探测工程的首次任务，将深化人类对火星乃至太阳系的科学认知，推进比较行星学等重大问题研究。"天问一号"由环绕器、着陆巡视器（着陆器和火星车）组成，总质量约

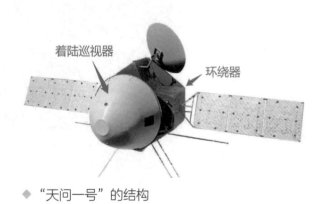

◆ "天问一号"的结构

5000 kg（含燃料）。通过一次发射实现"环绕、着陆、巡视"三个目标，其中，环绕器将对火星开展全球性、综合性的环绕探测，着陆巡视器将对有科研价值的局部地区开展高精度、高分辨率的详细调查。这在人类火星探测史上是前所未有的。

　　"天问一号"火星探测器是由"长征五号遥四"运载火箭发射的，2021年2月10日左右进入火星轨道，最后"天问一号"的着陆巡视器于2021年5月15日在火星表面进行软着陆，着陆点为乌托邦平原（Utopia Planitia）南部。2021年5月22日10时40分，"祝融号"火星车已安全驶离着陆平台，到达火星表面，开始巡视探测。

◆中国火星探测器飞离地球示意图

　　"天问一号"工程目标是突破火星制动捕获、进入/下降/着陆、长期自主管理、远距离测控通信、火星表面巡视等。实现对火星全球综合性环绕探测和区域性巡视探测，获取火星探测科学数据，使我国深空探测能力和水平进入世界航天第一梯队，实现跨越式发展。

"天问一号"科学目标：①研究火星形貌与地质构造特征。探测火星全球地形地貌特征，获取典型地区的高精度形貌数据，开展火星地质构造成因和演化研究。②调查火星表面土壤特征与水冰分布。探测火星土壤种类、风化沉积特征和分布，搜寻水冰信息，开展火星土壤剖面分层结构研究。③分析火星表面物质组成。识别火星表面岩石类型，探查火星表面次生矿物，开展表面矿物组成分析。④测量火星大气电离层及表面气候与环境特征。探测火星空间环境及火星表面气温、气压、风场，开展火星电离层结构和表面天气季节性变化规律研究。⑤探索火星物理场与内部结构，探测火星磁场特性。开展火星早期地质演化历史及火星内部质量分布和重力场研究。

◆ "天问一号"火星探测器进行热试验

重3600 kg左右（燃料重量占总重的大部分）的环绕器，设计寿命为1个火星年（即687个地球日），采用"外部六面柱体+中心承力锥筒"构型。它主要完成地火转移、火星制动捕获、轨道调整等任务，为火星车提供3个月的中继支持服务，通过其携带的科学载荷对火星开展约一个火星年的科学探测，实现对火星全球普查和局部详查。

环绕器主要科学任务：拍摄我国首张火星全图；探测火星土壤类型分布和结构，探测火星表面和地下水冰；探测火星地形地貌特征及其变化；调查和分析火星表面物质成分；分析火星大气电离层并探测行星际环境。

为此，环绕器携带了7台科学仪器：中分辨率相机，用于获取火星全球遥感影像图；高分辨率相机，用于对着陆区和高科学价值区域成像；次表层雷达，用于开展火星表面次表层结构、极地区冰层探测；矿物光谱分析仪，用于探测火星表面的矿物种类、含量和空间分布情况；磁强计，用于探测火星空间磁场环境；离子与中性粒子分析仪，用于对太阳风以及火星空间离子和中性粒

◆能量粒子分析仪

子的能量、通量和成分进行测量；能量粒子分析仪，用于获取火星空间环境中能量粒子的能谱通量和元素成分数据。

"祝融号"火星车重约240 kg，其质量几乎是"玉兔号"月球车的两倍，用于在着陆区开展巡视探测，设计工作寿命3个火星月（即92个地球日）。其主要科学任务：探测

◆我国"祝融号"火星车模型

火星巡视区表面元素、矿物和岩石类型；探测火星巡视区土壤结构并探查水冰；探测火星巡视区大气物理特征与表面环境，探测火星巡视区形貌和地质构造。

为此，"祝融号"火星车携带6台科学仪器：导航/地形相机，用于为火星车提供导航和定位依据，获取着陆区及巡视区高分辨率三维图像；多光谱相机，用于探测火星表面物质类型分布，获取巡视区可见、近红外波段的图像；次表层雷达，用于探测巡视区次表层地质结构；表面成分探测仪，用于获取紫外至近红外谱段的高分辨率的光谱特征信息；表面磁场探测仪，用于探测巡视区局部磁场；气象测量仪，用于探测巡视区气温等气象环境。

为了规避火星极端天气的影响，"祝融号"火星车不仅设置了自主休眠和自主唤醒功能，还将使用我国独立自主研发的多项"黑科技"。例如，"祝融号"使用的热控材料是新型保温材料——纳米气凝胶，质量很轻，隔热性能很好。能够很好地应对"极热"和"极寒"两种严酷环境。纳米气凝胶密度可以做到比空气还小，是世界上最轻的固体。其导热系数仅为静止空气的一半，是导热系数最低的固体，其可以阻隔火星表面低至-120℃的极寒环境，还可以阻隔着陆发动机高达1200℃的高温热流，保护着陆平台的正常功能。

火星上地形复杂，为了提高火星车的通过能力，"祝融号"在主、副摇臂悬架的基础上，增加了夹角调整装置和离合器，打造出人类第一辆主动悬架火星车。"祝融号"在遇到复杂地形时可以把整车底盘提高，便于越过障碍，其使用的六轮转向系统可以实现火星车的横向行走。"祝融号"的太阳电池翼采用四展方案，可以保证其获得足够大的布片面积。"祝融号"能够根据火星表面环境状况，采用不同的工作模式，其还具备自主休眠唤醒功能。

综合考虑多种因素，我国火星着陆区选在火星北纬5°至北纬30°。从光照条件考虑，火星赤道附近较适合，但地形复杂。另外，由于登陆火星99%以上减速是依靠大气，因此着陆点海拔越低，减速时间越长，着陆则越安全。

火星探测技术难度高、风险大，需突破火星环境不确定性分析及地面模拟验证、火星进入气动外形与防热、火星进入大帆面降落伞、火星表面高精度软着陆导航与制导控制、火星表面长期生存和移动、火星自主导航管理与控制、行星际测控通信等关键技术。

我国火星探测任务的实施包括发射、地火转移、火星捕获、火星停泊、离轨着陆和科学探测六个阶段。

2020年7月23日，"长征五号遥四"运载火箭直接将"天问一号"发射至地火转移轨道，器箭分离后其太阳电池翼和定向天线相继展开。之后，"天问一号"飞行约7个月后抵达火星。其间，其先后用1台3000 N、4台120 N、8台25 N发动机进行了1次深空机动和4次中途修正。2021年2月10日，"天问一号"在飞行了$4.7×10^8$ km后，到达距离地球约$1.92×10^8$ km，距离火星仅400 km处，其相对火星的速度为5.3 km/s，通信单向时延约10.7 min。为被火星引力捕获，"天问一号"将发动机喷管朝向前方，在恰当时机将3000 N发动机点火14 min，"天问一号"进入近火点约400 km、远火点约180 000 km、周期约10个地球日、轨道倾角约10°、近火点速度约4.6 km/s的大椭圆环火轨道。之后，"天问一号"进行了一系列复杂的变轨操作。2月24日，"天问一号"成功进入周期为两个火星日（49.2 h）的停泊轨道，并在该轨道上大约运行2个半月，对预定着陆区开展详查。5月15日，"天问一号"开始实施降轨机动，两器适时分离。着陆巡视器进入火星大气，依次完成配平翼展开、降落伞开伞、大底分离、背罩分离、动力减速、悬停、避障及缓速下降、着陆缓冲等动作，于2021年5月15日07:18着陆于火星表面。着陆后，"祝融号"火星车与着陆平台解锁分离，驶离着陆平台，开始巡视探测。此时，环绕器进入中继轨道，为火星车提供中继通信，兼顾科学探测。当"祝融号"完成探测任务后，环绕器将进入使命轨道，开展火星全球遥感探测，并兼顾火星车扩展任务中继通信。

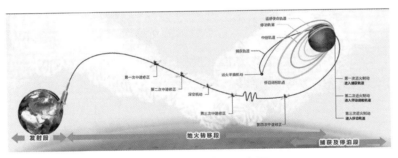

◆我国火星探测任务实施过程示意图

　　我国着陆巡视器组合体着陆过程分为降轨、分离、气动减速、伞降减速、动力减速、悬停避障及缓速下降、着陆缓冲等7个阶段。

　　2021年5月15日凌晨1时，"天问一号"开始降轨机动至火星进入轨道。4时许，着陆巡视器与环绕

◆我国行星探测工程图形标识。其展示了独特字母"C"的形象，汇聚了中国行星探测（China）、国际合作精神（Cooperation）、深空探测进入太空的能力（C3）等多重含义，展现出我国航天开放合作的理念与态度

器分离。两器分离约30分钟后，环绕器进行升轨，返回停泊轨道，再提升轨道至中继轨道（近火点约265 km、远火点约15 000 km、倾角约87.7°），为着陆巡视器提供中继通信。在历经约3小时飞行后，着陆巡视器在距离火星表面约125 km处、以4.8 km/s进入火星大气。此时，着陆巡视器调整姿态，将防热大底朝前，沿着特定角度进入火星大气。此后，着陆巡视器进入气动减速段。其先进行升力体制导和展开配平翼以减少巡视器的晃动，通过着陆巡视器防热大底和火星大气的不断摩擦来减速。经过5分钟的减速之后，着陆巡视器的速度下降到460 m/s。在距离火星约11 km时，着陆巡视器打开其携带的超音速降落伞，使着陆巡视器的速度下降到100 m/s以下。此后，着陆巡视器把大底和背罩抛掉，露出着陆平台和火星车。平台上的7500 N变推力降落发动机开始点火，进一步减小着

陆巡视器的下降速度到3.6 m/s，同时保持姿态稳定，对地雷达随即开机，并展开着陆缓冲机构的四条着陆腿。在距离火星约100 m时，着陆巡视器借助降落发动机进行悬停，同时对火星地面进行成像，然后挑选相对平坦的区域进行降落。在最后的落"火"瞬间，着陆巡视器垂直速度小于3.6 m/s，水平速度小于0.9 m/s。在整个落"火"过程中，由于地火距离非常遥远，使得地火通信延时单程超过20 min，着陆巡视器和地面"指挥部"基本处于"失联"状态。其必须要在9 min内自主完成10多个动作，每个动作都是一气呵成，不容得有半分的差错，这个过程环环相扣，步步惊心。

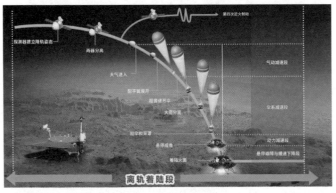

◆着陆巡视器进入、下降、着陆过程

我国首次火星任务测控系统由北京航天飞行控制中心、运载火箭测控系统、中继卫星系统、近地航天测控网、深空测控网、甚长基线干涉测量（VLBI）测轨分系统和国际联网站组成。其中深空测控网包括佳木斯66 m直径天线测控站，喀什和阿根廷各有一个35 m直径天线测控站等。

　　另外，我国已于2020年10月在天津武清建成主反射面直径为70 m的高性能接收天线（GRAS-4）。该天线总质量约2700 t，高72 m，面积相当于9个篮球场大小，为轮轨式全可动卡塞格伦天线，工作频段为S、X和Ku频段，主要用于完成中国首次火星探测工程任务，以及后续小行星、彗星等深空探测。

◆70 m高性能接收天线建成后的效果图

　　此后，我国拟进行火星采样返回探测，将至少500 g样品带回地球，这是深空探测重大科技项目的重要组成部分，实现对火星从全球普查到局部详查、着陆就位分析，再到样品实验室分析的递进。

小行星是太阳系形成时残留下来的初始物质，探索小行星可获得太阳系形成的科学信息。在小行星上有可能发现人类可利用的资源与能源。为此，我国科学家已制订了"小行星探测"计划，即以伴飞、附着、取样返回等探测方式，对近地目标小行星进行整体性探测和局部区域的就位分析。

　　小行星形状不规则，平均直径的量级只有千米，地貌复杂，引力约比地球小4～5个数量级，表面温差大。探测难点是"微弱引力、未知环境不确定"等，需突破连续轨道设计、自主交会、弱引力天体表面附着/固定与采样、超高速再入返回等关键技术。

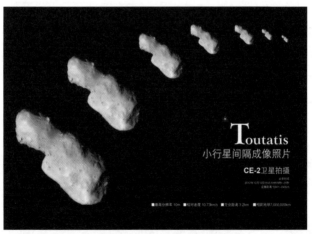

Toutatis
小行星间隔成像照片

CE-2卫星拍摄

■最高分辨率 10m ■相对速度 10.73km/s ■交会距离 3.2km ■相距地球7,000,000km

◆ "嫦娥二号"拍摄的图塔蒂斯小行星

　　我国计划探测2016HO3近地小行星，研究地球准卫星的轨道起源与动力学演化，并进行取样。

然后，小行星探测器通过地球借力和火星借力继续飞向太阳系的小行星带，探测小行星带内的133P彗星，获取太阳系早期演化信息，以备研究小行星带内彗星的形成和演化、气体活动机制，为太阳系的起源与演化探究提供重要线索。在2035年以前，我国还将实施木星及其卫星系统探测和太阳系行星际空间探测，这些探测将为我国基本实现社会主义现代化做出重大贡献。

随着我国航天技术的发展，我国将在2025—2030年由航天大国变为航天强国。为此，我国正在研制近地轨道运载能力达100 t以上的"长征九号"重型火箭，2030年可以首飞。我国正在研制的新一代载人飞船具有载人多（可载7人，比"神舟"多4人）、用途广（可用于空间站、载人登月等）和可重复使用等特点。2020年5月5日，我国成功发射了新一代载人飞船试验船，并于2020年5月8日圆满完成了预定任务后成功着陆。

◆珠海航展上展出的我国新一代飞船返回舱模型

◆新一代载人飞船试验船总装现场